D1661833

MIX
Papier aus verantwortungsvollen Quellen
Paper from responsible sources
FSC® C105338

Kamil Setman

Bioethanol auf Basis von Industrieabfallstoffen

Betrachtung und Bewertung des ökonomischen Potenzials der Nutzung von Abfällen und Reststoffen der Industrie zur Gewinnung von Bioethanol

Bachelor + Master
Publishing

Setman, Kamil: Bioethanol auf Basis von Industrieabfallstoffen: Betrachtung und Bewertung des ökonomischen Potenzials der Nutzung von Abfällen und Reststoffen der Industrie zur Gewinnung von Bioethanol. , Hamburg, Bachelor + Master Publishing 2013
Originaltitel der Abschlussarbeit: Bioethanol auf Basis von Industrieabfallstoffen: Betrachtung und Bewertung des ökonomischen Potenzials der Nutzung von Abfällen und Reststoffen der Industrie zur Gewinnung von Bioethanol

Buch-ISBN: 978-3-95549-104-8
PDF-eBook-ISBN: 978-3-95549-604-3
Druck/Herstellung: Bachelor + Master Publishing, Hamburg, 2013
Zugl. Rheinische Friedrich-Wilhelms-Universität, Bonn, Deutschland, Bachelorarbeit, September 2012

Bibliografische Information der Deutschen Nationalbibliothek:
Die Deutsche Nationalbibliothek verzeichnet diese Publikation in der Deutschen Nationalbibliografie; detaillierte bibliografische Daten sind im Internet über http://dnb.d-nb.de abrufbar.

Das Werk einschließlich aller seiner Teile ist urheberrechtlich geschützt. Jede Verwertung außerhalb der Grenzen des Urheberrechtsgesetzes ist ohne Zustimmung des Verlages unzulässig und strafbar. Dies gilt insbesondere für Vervielfältigungen, Übersetzungen, Mikroverfilmungen und die Einspeicherung und Bearbeitung in elektronischen Systemen.

Die Wiedergabe von Gebrauchsnamen, Handelsnamen, Warenbezeichnungen usw. in diesem Werk berechtigt auch ohne besondere Kennzeichnung nicht zu der Annahme, dass solche Namen im Sinne der Warenzeichen- und Markenschutz-Gesetzgebung als frei zu betrachten wären und daher von jedermann benutzt werden dürften.

Die Informationen in diesem Werk wurden mit Sorgfalt erarbeitet. Dennoch können Fehler nicht vollständig ausgeschlossen werden und die Diplomica Verlag GmbH, die Autoren oder Übersetzer übernehmen keine juristische Verantwortung oder irgendeine Haftung für evtl. verbliebene fehlerhafte Angaben und deren Folgen.

Alle Rechte vorbehalten

© Bachelor + Master Publishing, Imprint der Diplomica Verlag GmbH
Hermannstal 119k, 22119 Hamburg
http://www.diplomica-verlag.de, Hamburg 2013
Printed in Germany

Inhaltsverzeichnis

Abbildungsverzeichnis

Tabellenverzeichnis

Anhang 1:

Anhang 2:

Abkürzungsverzeichnis

Acre	angloamerikanische Maßeinheit zur Flächenbestimmung von Grundstücken
AEA	Annex-Ethanol-Anlage
BDBe	Bundesverband der deutschen Bioethanolwirtschaft e.V.
BHKW	Blockheizkraftwerk
CDS	Condensed Distillers' Solubles
CO_2	Kohlenstoffdioxid
DDGS	Dried Distillers' Grains with Solubles
E-100	reines Ethanol
E-85	Benzin mit 85% Ethanolanteil
E-5	Benzin mit 5% Ethanolanteil
ETBE	Ethyl-Tertiär-Butyl-Ether
gal.	Gallone
KVA	Kohlenstoffdioxid-Verflüssigungs-Anlage
USA	United States of America
OECD	Organisation for Economic Co-operation and Development

1 Einleitung

1.1 Einführung

Der weltweite Erdölverbrauch steigt jährlich, aber die Förderung gestaltet sich zunehmend schwieriger. Dies ist einer der wichtigsten Gründe, weshalb der Erdölpreis auf lange Sicht steigen wird (vgl. Weyerstrass et al., 2008: 24). Die fossilen Kraftstoffe sind begrenzt und setzen bei der Verbrennung Kohlenstoffdioxid frei, das einen nicht unerheblichen Teil zur beschleunigten Erderwärmung beiträgt. Diese ökologischen und ökonomischen Faktoren veranlassten in der Vergangenheit die Suche nach alternativen Kraftstoffen und erzeugten so eine wachsende Nachfrage an regenerativen, umweltschonenden Biokraftstoffen. Hierdurch entstand ein Rohstoff-Konflikt auf den landwirtschaftlichen Flächen zwischen Nahrungsmittel und Biokraftstoffen. Die steigende Biokraftstoffnachfrage soll einer der Gründe für die Nahrungsmittelkrise im Jahre 2008 gewesen sein (vgl. Hermeling, Wölfing, 2011: 19ff). Bioethanol, das den größten Anteil an den Biokraftstoffen ausmacht (vgl. Hermeling, Wölfing, 2011: 9), entsteht nicht nur aus dem für die Zuckerherstellung genutzten Zuckerrohr, sondern auch aus Grundnahrungsmitteln wie Weizen, Mais und Reis. Ein weiterer Kritikpunkt ist, dass nur ein Teil der Pflanzen zu Ethanol vergoren wird, der Rest dient nur noch als Viehfutter oder Dünger. Bei einigen Verfahren zur Ethanolherstellung mit Einsatz von Braunkohle-Kraft-Wärme-Kopplung auf Basis von Zucker- und Stärkepflanzen wird mehr Kohlenstoffdioxid produziert, als die Pflanzen vorab speichern konnten, was eine negative CO_2-Bilanz nach sich zieht (vgl. Kastenhuber, 2007: 123) und dem eigentlichen ökologischen Sinn eines Biokraftstoffes widerspricht.

Eine wahre umweltfreundliche Alternative könnten Biokraftstoffe aus biogenen Industrieabfällen sein. Gerade in Industrieländern, die einen hohen Kraftstoffbedarf besitzen, entstehen täglich große Mengen von Reststoffen, die sich oft ohne aufwendige Vorbereitung für die Ethanolerzeugung eignen würden und einen wesentlichen Teil zur Kraftstoffversorgung beitragen könnten. Eine kritische, ökonomische und ökologische Betrachtung der potenziellen Industrieabfälle für die Ethanolerzeugung und deren Verfahren wäre für die Einschätzung der Möglichkeiten sowie Grenzen dienlich.

1.2 Zielsetzung und Vorgehensweise

Vorab soll dieses Werk nicht nur Konzepte, sondern bereits verwirklichte Verfahren der Bioethanolherstellung aus Industrieabfällen vorstellen. Überwiegend widmet sich diese Bachelorarbeit speziell der Betrachtung und – soweit möglich – der Bewertung des ökonomischen Potenzials der Nutzung von Abfällen und Reststoffen der Industrie zu Gewinnung von Bioethanol. Die ökonomische Betrachtung und Bewertung fokussiert sich zu Beginn auf den Einsatz von Molkenmelasse als Abfallstoff für die kommerzielle Bioethanolproduktion. Daraufhin folgt ein ökonomischer Vergleich zwischen der Produktion des Bioethanols aus Molkenmelasse mit Bioethanol aus landwirtschaftlicher Biomasse. Dieser Vergleich soll ein mögliches wirtschaftliches Steigerungspotenzial der deutschen Ethanolproduktion aufzeigen.

1.3 Thematische Abgrenzung

Die Betrachtung und Erläuterung umfasst alle Prozessschritte und Produkte der Ethanolherstellung, die für ein Grundverständnis und eine ökonomische Bewertung von Bedeutung sind. Soweit nicht anders angegeben beziehen sich sämtliche Daten, Werte, Angaben und Betrachtungen auf den Standort Deutschland. Diese räumliche Abgrenzung ist für eine homogene Bewertung notwendig, da die Rahmenbedingungen hinsichtlich Arbeitslohn, politischen Instrumenten der Förderung von Biokraftstoffen, Steuern, Produktionskosten, Industrieabfall-Aufkommen sowie der inländischen Verteilung global sehr unterschiedlich sind.

2 Bioethanol

Bioethanol oder Ethanol ist eine organische Verbindung aus zwei Kohlenstoffatomen, Wasserstoff und einer Hydroxylgruppe. Ethanol wird meistens umgangssprachlich als Alkohol bezeichnet, da es der bekannteste Vertreter der Alkohole ist und ein Genussmittel darstellt. (vgl. Kastenhuber, 2007: 17f)

Bioethanol gehört zu den am häufigsten verwendeten Biokraftstoffen. Die überwiegende Verwendung von Bioethanol als Kraftstoff geschieht über unterschiedliche Mischverhältnisse mit Ottokraftstoffen. Lediglich in Brasilien wird durch den Einsatz spezieller Ethanolmotoren reines Ethanol E-100 als Kraftstoff genutzt. Der eingeschränkte Einsatz von reinem Ethanol als Kraftstoff beruht auf der nachteiligen Eigenschaft, dass reiner Alkohol leichter Feuchtigkeit aus der Umgebung bindet, was die Zündeigenschaften verschlechtert (vgl. Henniges 2007: 26).

Ein genereller Nachteil von Ethanol ist der geringe Energiegehalt im Vergleich zu anderen Kraftstoffen. Ein Liter Ethanol ersetzt etwa 0,66 Liter Normalbenzin (vgl. Brysch, 2008: 38). Der energetische Nachteil gegenüber anderen Kraftstoffen entsteht durch den sehr viel höheren Sauerstoffanteil im Ethanol, wiederum führt dieser zu einer besseren Verbrennung und damit zu einer Leistungssteigerung des Motors (Putensen 2005: 39). Beim Einsatz von E-85 statt Normalbenzin ergibt sich ein Mehrverbrauch an Kraftstoff von maximal 46 %, abhängig von der Hubraumgröße eines Ottomotors (vgl. Maierhofer, 2011).

Vorteile bietet Ethanol als Gemisch mit z. B. Normalbenzin, es können damit gängige Ottomotoren betrieben werden – bis zu einen Ethanolanteil von 25 %. Die hohe Oktanzahl von Ethanol im Vergleich zu anderen Kraftstoffen führt dazu, dass es als Oktanzahlverbesserer zugemischt wird. Eine Beimischung ermöglicht eine bessere Nutzung des optimalen Leistungspotenzials der Motoren und erhöht den Wirkungsgrad (leichte Leistungssteigerung des Motors) (vgl. Brysch, 2008: 38). Es bestehen zwei Möglichkeiten, Ethanol auf diese Weise zu nutzen. Die eine Möglichkeit ist eine direkte Beimischung von Ethanol zu Benzin, dabei entsteht z. B. E-5. Die indirekte Beimischung geschieht in Form von Ethyltertiär-Butyl-Ether (ETBE), der aus Ethanol (47 % Volumenanteil) und aus Erdöl gewonnenen Isobutylen (53 % Volumenanteil) entsteht (vgl. Putensen, 2005: 35). ETBE darf laut Qualitätsnorm bis zu 15 % beigemischt werden (vgl. Brysch, 2008: 38f). Die zunehmend bevorzugte Ethanol-Beimischung ist das s. g. E-85, dabei wird tatsächlich 15 % Benzin dem Ethanol beigemischt. Nicht alle Ottomotorkomponenten vertragen einen hohen Ethanolanteil (vgl. Henniges, 2007: 24) und die Verbrennung muss auf ein solches Gemisch abgestimmt werden.

Bis auf wenige alte Fahrzeugmodelle können aber alle KFZ mit einem Ottomotor auf einen solchen Ethanolbetrieb gegen geringe Kosten umgerüstet werden (vgl. C.A.R.M.E.N, 2012). Fahrzeughersteller produzieren seit 2003 auf der ganzen Welt FFV (Flexible Fuel Vehicles), die serienmäßig mit E-85 betrieben werden können (vgl. Henniges, 2007: 27). Der Vorteil der FFV und der umgerüsteten Fahrzeuge ist, dass sie mit allen Ethanol-Gemischen bis zu einem 85 %-Ethanolanteil betrieben werden können.

2.1 Bioethanolmarkt

2.1.1 Globaler Bioethanolmarkt

Das Wachstum des globalen Bioethanolmarktes lässt sich anhand der stetig steigenden Produktionszahlen von Bioethanol beobachten. In den Jahren von 2008 bis 2010 stieg die Jahresproduktion von 67 Mrd. auf 86 Mrd. l Bioethanol (vgl. REN21, 2011: 15). Der globale Bioethanolmarkt wird von Brasilien und den USA dominiert. Die beiden führenden Länder in der Bioethanolproduktion erzeugten zusammen im Jahre 2010 88 % des gesamten Bioethanols (vgl. REN21, 2011: 13).

Brasilien, wie auch die USA, begannen in den 1970er Jahren, hervorgerufen durch die Ölkrise, mit der Ethanolproduktion. Als Rohstoff verwendet die USA hauptsächlich Mais, und Brasilien nutzt Zuckerrohr für die Ethanolproduktion. Beide Regierungen beschlossen Förderungsmaßnahmen und Gesetze, wie das brasilianische PROALCOOL Programm, um Unabhängigkeit von der Rohölversorgung sowie der Preisentwicklung des Rohöls durch die OPEC zu erlangen (vgl. Becker, 2011: 7ff). Die Länder entwickelten sich in den folgenden Jahrzehnten zu den weltgrößten Erzeugern und Verbrauchern von Bioethanol. Brasilien war bis 2009, aufgrund der niedrigen Produktionskosten von 0,17 bis 0,19 €/l (vgl. Henniges 2007: 68) und der Tiefstpreise für Zucker sowie hoher Rohölpreise, der größte Exporteur für Bioethanol (vgl. Klepper, 2011: 97). Die starke Abhängigkeit zur Zuckerindustrie zeigte im Jahre 2010 die Schwächen des brasilianischen Exporteurs. Durch den Anstieg des Zuckerpreises verlagerte sich die Produktion zuungunsten des Ethanols (vgl. Klepper, 2011: 98). Ein Export des Ethanols war ökonomisch nicht vertretbar. Dies führte dazu, dass der traditionelle Markt in Europa wegbrach (vgl. REN21 2011: 36). Die USA wurden zum führenden Exporteur für Bioethanol (vgl. REN21 2011: 13). Die großzügigen Ethanolproduktions-Subventionen der US-Regierungen und niedrige Erlöse aus dem Verkauf von Mais als Nahrungsmittel waren wirtschaftliche Anreize für die Landwirte, Mais als Rohstoff für eine eigenständige Ethanolproduktion in Betracht zu ziehen. Trotz der staatlichen Förderung waren die Produktionskosten wie z. B. im Jahre 2007 ca. 0,25-0,29 €/l (vgl. Henniges, 2007: 75) sehr viel höher als die des brasilianischen Bioethanols. Ein weiterer Transport bis nach Europa wäre nur bedingt wirtschaftlich, deshalb exportiert die USA überwiegend nach Kanada. Nur 3,4 Mio. l Bioethanol wurden von den zwei führenden Ethanolproduzenten nach Europa geliefert (vgl. Neumann, 2011: 11).

Die globale Nachfrage an Bioethanol wird in den kommenden Jahrzehnten weiter steigen, hervorgerufen durch Umweltbestimmungen in Ländern der ganzen Welt. Beimischungsquotengesetze für Bioethanol bestehen in den zwei größten Bioethanolabsatzmärkten bereits seit einigen Jahrzehnten und seit einigen Jahren in viele Länder der Europäischen Union. Weitere Länder Asiens planen die Einführung von Gesetzen mit ähnlichen Beimischungspflichten (vgl. REN21, 2011: 60, 86). Die Ziele gehen über den Erlass hinaus, gefordert sind stetige Steigerungen der Quoten, um den Biokraftstoffanteil am gesamten Kraftstoffverbrauch zu erhöhen (vgl. Klepper, 2011: 89).

2.1.2 Deutscher Bioethanolmarkt

Die Nutzung von Ethanol als Kraftstoff wurde in der Vergangenheit von der deutschen Regierung vernachlässigt, stattdessen konzentrierten sich die Bemühungen darauf, Biodiesel als ökologische Alternative zu fossilen Kraftstoffen zu nutzen. (vgl. Kastenhuber, 2007: 38) Die Entwicklung und das Wachstum eines Ethanolmarktes innerhalb eines Landes zeigt starke Abhängigkeit von Politikinstrumenten der Regierungen. Dies beinhaltet Steuerbefreiungen, Subventionen und Quotenregelungen. Der Ethanolmarkt im Kraftstoffsektor beschränkte sich vor 2006 lediglich auf den Absatz des Kraftstoffzusatzes ETBE. Mit dem Beschluss des Biokraftstoffquotengesetzes im Jahre 2007, wodurch die Ottokraftstoffhersteller zu Beginn gezwungen waren, den Anteil von Ottokraftstoff durch mindesten 1,2 % Bioethanol zu ersetzen (vgl. BGBl. I, 2006: 3185), entwickelte sich ein stetig wachsender Bioethanolmarkt innerhalb des deutschen Kraftstoffsektors. Die Quote sollte bis 2010 jährlich um 0,8 Prozentpunkte auf einen Mindestanteil von 3,6 % Bioethanol in Ottokraftstoffen steigen. Jedoch wurde durch einen neuen Erlass im Jahr 2009 der Mindestanteil auf 2,8 % gesenkt (vgl. Hermeling, Wölfing, 2011: 57). Dennoch wuchs durch die aufgezwungene erhöhte Nachfrage der Bioethanolabsatz in dem genannten Zeitraum bis 2010 um mehr als das Doppelte auf 1,16 Mio. t Bioethanol, wie in der Tabelle 1 zu sehen ist.

Tabelle 1: Bioethanolabsatz

Absatz in 1.000 Tonnen	**2007**	**2008**	**2009**	**2010**
Ethanolanteil (E-85*)	5 (6)	7 (8)	8 (9)	11 (13)
Beimischung Ethanol	89	251	693	1.023
Beimischung Ethanolanteil in ETBE**	366	367	202	125
Absatz gesamt	461	626	903	1.161

Quelle: FNR (2011)

*85 % Ethanol & 15 % Ottokraftstoff
** 47 % Ethanol & 53 % Isobuten

Ein weiterer Trend lässt sich aus der Tabelle 1 entnehmen, der Absatz an E-85 hat sich in den Jahren von 2007 bis 2010 auf ca. 13.000 t mehr als verdoppelt. Der BDBe gibt sogar eine Absatzmenge von 18.000 t E-85 für das Jahr 2010 an (vgl. BDBe, Marktdaten 2012: 1).

Begründet durch die Steuerbefreiung von Bioethanol bis 2015 entstand im Zeitraum von Anfang 2008 bis Anfang 2012 ein durchschnittlicher Preisunterschied zwischen E-85 und Superbenzin von 0,43 €/l, wie in der Abbildung 1 zu sehen ist.

Abbildung 1: Kraftstoffpreise: E-85 vs. Superbenzin

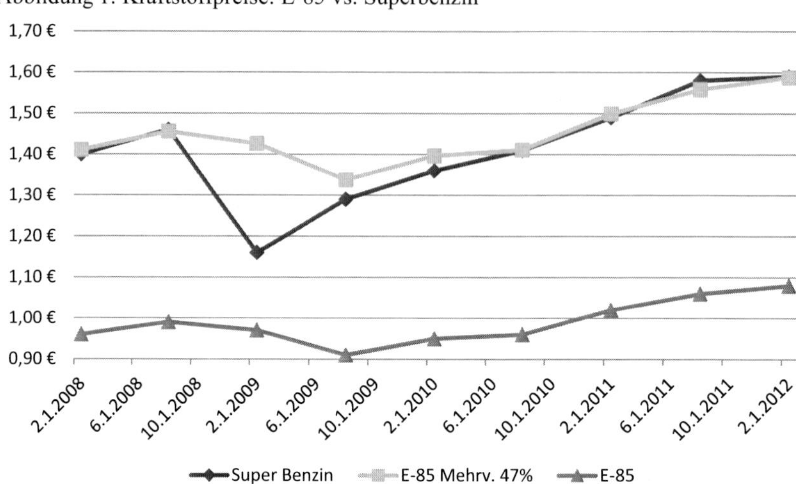

Quelle: Veränderte Darstellung, vgl. C.A.R.M.E.N, 2012a

Nur bei Fahrzeugen, deren Mehrverbrauch durch die Verwendung von E-85 auf das Maximum von 47 % steigt, kann der Preisunterschied häufig nicht den Mehrverbrauch kompensieren und E-85 stellt keine ökonomische Alternative zum Superbenzin dar (siehe Abbildung 1). Die Infrastruktur für E-85 hat sich in den letzten Jahren deutlich verbessert, immer mehr freie Tankstellen bieten den Biokraftstoff an. In den letzten drei Jahren stieg die Zahl von 272 auf nun 336 Tankstellen (BDBe Marktdaten 2012). Die deutsche Jahresproduktion 2011 aus den Hauptrohstoffen Futtergetreide und Zuckerrüben betrug 576.828 t Bioethanol, dem gegenüber steht eine Absatzmenge von 1,24 Mio. t Bioethanol (BDBe Marktdaten 2012: 1ff). Bereits im Jahr 2011 wurde mehr als doppelt so viel Bioethanol verbraucht, als im Inland produziert wurde. Die Entwicklung des Ethanolmarktes zeigt, dass in den folgenden Jahren dieses Defizit im Angebot weiter wachsen wird, denn die ausschlaggebenden Gründe für ein Wachstum, die Steuerbefreiung und eine unter Quotenregelung für Bioethanol, bestehen bis 2015. Darüber hinaus tritt im Anschluss das Treibhausgasemissionsgesetz in Kraft (vgl. BGBl. I, 2009, 1804).

2.2 Preisentwicklung Bioethanol

Die Preisentwicklungen von Bioethanol bestimmen die folgenden Faktoren: die Lebensmittelpreise, der Rohölpreis und diverse Politikinstrumente zur Förderung von Biokraftstoffen. Der Bioethanolpreis unterliegt großen Schwankungen, z. B. bestand im Zeitraum von September 2011 bis August 2012 zunächst ein Preis von 0,74 $/l, der bis auf 0,54 $/l sank und zum Ende des Zeitraumes innerhalb von 3 Monaten wieder auf annährend 0,73 $/l anstieg (Rohstoffbörse 2012). Eine Prognose über die kurzzeitige Entwicklung des Preises ist aufgrund der vielen Faktoren und deren unterschiedliche Gewichtung nur bedingt möglich. Zurzeit werden die Preise überwiegend durch politische Instrumente beeinflusst. In den USA bestand im Jahr 2010 eine Subventionierung von 0,45 $ je Gallone reinen Ethanols, das Normalbenzin beigemischt wurde. Zudem besteht seit 1980 eine Zollgebühr von 0,54 $ je importierte Gallone Ethanol. Ähnliche Maßnahmen bestehen in allen Ländern, die Bioethanol produzieren, dazu gehört auch Deutschland. (vgl. Hermeling, Wölfing, 2011: 48-52) Die politischen Maßnahmen bewirken zum einen die Senkung der Produktionskosten im Inland durch Subventionen und gleichzeitig schützen die Import-Zollgebühren die im Inland herrschenden Marktpreise vor billigem Bioethanol aus Brasilien. Nach Berechnungen von Henniges würde im Extremfall bei einem Wegfall der Importzölle, unter der Annahme geringer Marktpreise in Brasilien, bei einer Lieferung nach Deutschland, der Bioethanolpreis nur noch 0,18 €/l betragen (vgl. Henniges 2007: 119). Dies ist jedoch aus aktueller Sicht in dem nächsten Jahrzehnt nicht zu erwarten. Wie im Kapitel (2.1.1) erwähnt verursachte ein enormer Anstieg der Zuckerpreise die Reduzierung der Ethanolherstellung, dadurch stieg der Bioethanolpreis im Inland und es musste sogar Bioethanol nach Brasilien importiert werden. Ein weiterer wichtiger Faktor für die Bildung des Bioethanolpreises ist der Rohölpreis. Biokraftstoffe gelten als kostengünstiger Ersatz für fossile Kraftstoffe, solange der Biokraftstoffpreis sich unter dem der fossilen Kraftstoffe befindet. Die Preise für fossile Kraftstoffe unterliegen konjunkturellen Schwankungen, jedoch ist eine Preissteigerung langfristig zu erwarten, hervorgerufen durch das Wachstum der Schwellenländer und dem daraus resultierenden steigenden Energiebedarf (Putensen 2005: 119). Auf Grundlage dessen ist davon auszugehen, dass der Preis von Bioethanol bei steigenden Rohölpreisen unabhängig von der Nachfrage, die durch die Politikinstrumente ausgelöst wird, ebenso steigt.

Die Rohstoffe für die weltweite Ethanolproduktion sind landwirtschaftliche Erzeugnisse. Die Rohstoffkosten machen den größten Anteil an den Gesamtherstellungskosten von Bioethanol aus. Damit beeinflussen die Lebensmittelpreise indirekt die Preise des Ethanolmarktes (vgl. Klepper, 2011: 91). In Deutschland wird neben der Zuckerrübe überwiegend auf importiertes Getreide zur Ethanolherstellung gesetzt. Damit beeinflusst der globale hohe Weizenpreis den deutschen Ethanolpreis, dieser steigt jedoch nicht unmittelbar im gleichen Umfang, wenn gleichzeitig hohe Futtermittelpreise vorliegen. Der Erlös durch die Koppelprodukte (z. B. Futtermittel) aus der Ethanolproduktion kompensiert zum Teil die höheren Rohstoffkosten.

Aufgrund aller erwähnten Faktoren, die den Bioethanolpreis beeinflussen, und deren Entwicklung ist nicht damit zu rechnen, dass der globale Bioethanolpreis in nächster Zukunft erheblich fallen wird. Dies schließt ebenso den Bioethanolpreis in Deutschland mit ein. Nur in Extremfällen ist eine rasche, dauerhafte und erhebliche Senkung der Ethanolpreise zu erwarten.

Der steigende globale Biokraftstoffbedarf müsste durch die Erschließung neuer Rohstoffe, Prozessoptimierung, Ertragserhöhung und durch wissenschaftliche Fortschritte schlagartig kompensiert werden, um ein Überangebot an Bioethanol zu erzeugen und damit den Preis massiv zu senken. Eine genauere Analyse der Preisentwicklung von Bioethanol ist wünschenswert, soll aber nicht Bestandteil dieser Arbeit sein. Nach der FAPRI (Food and Agricultural Policy Research Institute) fällt der Weltmarktpreis von Ethanol (dieser orientiert sich am brasilianischen Ethanolpreis) bis ins Jahr 2035 nicht unter 2 $ je Gallone (FAPRI, 2011: 1). Dies bedeutet nach der Rechnung 1a einen Bioethanolpreis von 406 €/m³. Für die ökonomischen Bewertungen, die in den späteren Kapiteln folgen, wird unterstellt, dass der deutsche Ethanolpreis in den nächsten Jahren nicht unter den brasilianischen Ethanolpreis 406 €/m³ fällt.

Rechnung 1a: globaler Ethanolpreis in Euro/1000 Liter

$$p_E(2)\ [€/m^3] = \frac{2}{0{,}003785 \times 1{,}30} = 406$$

Erläuterung der Rechnung 1a in Anhang 1 unter Gleichung 1.

Der Vollständigkeit halber muss erwähnt werden, dass ein Unterschreiten dieses Preises nur unter folgenden Annahmen denkbar wäre. Die Zollgebühren für importiertes Bioethanol in Europa entfallen völlig, die Zuckerpreise fallen und bleiben konstant niedrig. Dies erzeugt Anreize für Brasilien, den zweitgrößten Ethanolexporteur der Welt, Die Produktion zu steigern, um den europäischen Markt mit günstiger produziertem Bioethanol zu beliefern. Bioethanolpreis von nur 180 €/m³ in Europa und Deutschland wären, wie auch schon zu Beginn des Kapitels erwähnt, nur unter den genannten Extremfällen zukünftig möglich.

3 Grundlagen der Herstellung von Ethanol

Primär wird Ethanol aus zucker- und stärkehaltigen Pflanzen (z. B. Weizen, Zuckerrohr, Mais) durch Gärung mittels Hefen gewonnen. Nur der Zucker- und der Stärkeanteil werden vergoren. Diese landwirtschaftlichen Rohstoffe lassen sich in Konversionsanlagen, die nur einen bestimmten Rohstoff nutzen, sowie Annexanlagen, die mehrere Rohstoffe verarbeiten, oder in Brennereinen vergären (vgl. Putensen, 2005: 5). In Abbildung 2 ist eine schematische Darstellung der Ethanolproduktion mit Mais-Einsatz aufgezeigt.

Abbildung 2: Verfahrensablauf der Ethanolproduktion

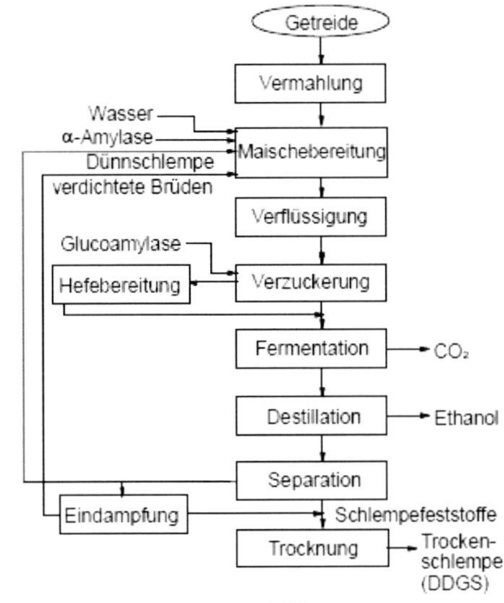

Quelle: Kaltschmitt (2009) Abb. 15.22

Sekundär wird Ethanol aus Zellulose (z. B. Pflanzenreste, Stroh, Holzresten) hergestellt. Diese Prozesse sind aktuell jedoch in der Ausführung energie- und kostenintensiver als Verfahren der Zucker- und Stärkevergärung. (vgl. Kastenhuber, 2007: 72f)

3.1 Biochemische und verfahrenstechnische Grundlagen

3.1.1 Zucker-, Stärke- und Zelluloseaufbau

Pflanzen sind in der Lage, das eingestrahlte Sonnenlicht als Energiequelle für die Prozesse der Fotosynthese zu nutzen und die Wasser-Moleküle in die Bestandteile Wasserstoff und Sauerstoff zu zerlegen. Über die Luft aufgenommenes Kohlenstoffdioxid bindet sich mit dem erzeugten Wasserstoff in der Pflanze zu dem Kohlenhydrat Glucose, das als Energiesubstrat dient. Glucose ist das einzige Substrat, das direkt zu Ethanol vergoren werden kann. (vgl. Putensen, 2005: 5)

Das *Polysaccharid* Stärke entsteht aus Glucose-Bausteinen, hierbei handelt es sich um die wichtigste Nahrungsreserve der Pflanzen. Das *Polysaccharid* besteht aus zwei Bestandteilen, zu 70 bis 90 % aus wasserunlöslichem *Amylopektin* und zu 10 bis 30 % aus wasserlöslicher *Amylose*. (vgl. Kaltschmitt, 2009: 45)

Zellulose ist der am häufigsten verbreitete organische Stoff auf der Welt, der in den Pflanzenzellwänden als Gerüstbausubstanz fungiert, aber nur bedingt für den menschlichen Verzehr geeignet ist. Wie die Stärke entsteht Zellulose aus Glukose-Bausteinen, Zellulose ist ein Polymer, das fast vollständig aus gleichartigen D-Glucosemolekülen über *ß-(1-4)*-Bindungen kettenförmig verzweigt vorliegt. Dabei kann die Kettenlänge der Zellulose stark variieren und bis zu 14000 Glukose-Moleküle beinhalten. (vgl. Kaltschmitt, 2009: 336f)

Weitere Polymere sind die Hemicellulose und das Lignin. Die Hemicellulose besteht nicht aus gleichartigen D-Glucosemolekülen und ist deshalb nur ein Sammelbegriff für eine hohe Anzahl von zelluloseähnlichen Verbindungen. Hemicellulose besteht aus unterschiedlichen Zuckern (Mannose, Galactose). Dieser Aufbau ermöglicht es eine Vielzahl von Funktionen zu erfüllen. Lignin kommt nur in Begleitung von Cellulose und Hemicellulose in der Natur vor. Es ist für die Verholzung von Pflanzen verantwortlich. Lignin besteht nicht aus Glucose-Bausteinen, somit ist es für die Fermentation ungeeignet. (vgl. Kaltschmitt, 2009: 337)

3.1.2 Stärkeaufschluss

Stärke benötigte eine Vorbehandlung, bevor sie zu Ethanol vergoren werden kann. Die in den Zellwänden befindliche Stärke muss zunächst mit mechanischen und thermischen Prozessen herausgelöst werden. Dieser Prozess wird als Verkleisterung bezeichnet. Dabei bildet die Stärke mit dem heißen Wasser einen Kleister. Die Verkleisterung ist entscheidend für die folgende enzymatische Reaktion. Zwei enzymatische Reaktionen sind für den Abbau der verkleisterten Stärke in Zucker verantwortlich. Die *α-Amylasen* hydrolisiert (verflüssigt) die Stärke, indem es einige glykolytische Verbindungen des Polysaccharids löst, es entstehen dabei Oligosaccharide, die nur noch aus 7 bis 10 Glucose-Molekülen bestehen. Die *Glucoamylasen* und die *ß-Amylasen* bewirken die nächste Hydrolyse und verzuckern die nun verflüssigte Stärke. Dabei werden die entstandenen *Oligosaccharide* weiter in die einzelnen Glucose-Moleküle aufgespalten. Erst nach diesen thermischen und enzymatischen Prozessen kann die Vergärung der Glucose beginnen. (vgl. Kaltschmitt, 2009: 794ff)

3.1.3 Zelluloseaufschluss

Der Aufschluss von Zellulose und Hemicellulose ist im Vergleich zum Stärkeaufschluss aufwendiger. Die miteinander mehrfach verknüpften Zellulose- und Hemicellulosemoleküle bilden kristalline Strukturen und sind eng mit Lignin und Pektin verbunden, was eine *enzymatische Hydrolyse* erschwert. Erst nach Zerstören der kristallinen Strukturen kann eine *enzymatische Hydrolyse* stattfinden. Dies kann mechanisch durch Vermahlung geschehen oder mittels eines energieintensiven Hochdruck-Dämpf-Verfahrens bewerkstelligt werden. Darauf folgt wie bei der Stärke die *enzymatische Hydrolyse*. (vgl. Kaltschmitt, 2009: 798ff)

Die *säurekatalytische Hydrolyse* spaltet die Cellulose unter Verwendung von verdünnten Säuren und einer Umgebungstemperatur von circa 200°C oder durch eine Behandlung von konzentrierten Säuren. Die *säurekatalytische Hydrolyse* verläuft schneller als die enzymatische, jedoch entstehen so auch unerwünschte Zucker, die nicht vergoren werden können. (vgl. Kaltschmitt, 2009: 798ff)

3.1.4 Fermentation

Die Fermentation (Gärung) der *Monosaccharide* (z. B. Glucose, Fructose) geschieht mittels Hefestämmen. Die Hefe produziert aus Glucose unter anaeroben Bedingungen Ethanol und Kohlenstoffdioxid. Dieser Prozess ist von dem hefeeigenen Enzym *Zymase* abhängig, das nur unter bestimmten Ph- und Temperaturbedingungen entsteht (vgl. Hennings, 2007: 17). Bei der Umsetzung von einem Mol Monosaccharid (z. B. Glucose, Fructose) entstehen so zwei Mol Ethanol, zwei Mol Kohlenstoffdioxid und Wärme.

Gleichung 2: Alkoholische Gärung

$$C_6H_{12}O_6 \rightarrow 2\ C_2H_5OH + 2\ CO_2\ + 156\ kJ$$

Glucose → Ethanol + Kohlenstoffdioxid + Wärme

So entstehen aus 1 kg Glukose rund 511 g Ethanol, 489 g CO2 und 867 kJ Wärme.

(vgl. Henniges, 2007: 17)

3.1.5 Destillation/Rektifikation

Über die Destillation wird das Ethanol aus der vergorenen Maische gewonnen. Der Prozess der Destillation nutzt die Eigenschaft des Ethanols sich mit Wasser zu binden und den Siedepunkt des Ethanols, der bei 78°C liegt (vgl. Putensen, 2005: 8). In übereinander geordneten und durchlässigen Kochböden rieselt die Maische bis auf den tiefsten Boden. Dort wird diese erhitzt, es entsteht zu einem die Schlempe und zum anderen ein Ethanol-Wasser-Gemisch, das verdampft und am Kopf der Kolonne aufgefangen wird (vgl. Hennings, 2007: 18). Das kondensierte Ethanol-Wasser-Gemisch liegt nicht in reiner Form vor, es enthält noch einige Begleitstoffe mit gleichem Siedepunkt. So folgen weitere Destillationen, um zum einen die Begleitstoffe von dem Gemisch zu separieren und zum anderen die Ethanolkonzentration innerhalb des Gemisches zu erhöhen. Die mehrmalige Destillation wird als Rektifikation bezeichnet, die eine maximale Reinheit von 97 Vol.-% ermöglicht. (vgl. Putensen, 2005: 8)

3.1.6 Entwässerung des Ethanols

Ethanol mit einer Reinheit bis 97 Vol.-% ist für die Beimischung zu Ottokraftstoffen ungeeignet, nur nahezu wasserfreies Ethanol erlaubt die Verwendung in gewöhnlichen Ottomotoren. Der weitere Entzug des Wassers geschieht über Schleppmittel, Molekularsiebe oder Membranen. (vgl. Hennings, 2007: 19)

Das am häufigsten verwendete Verfahren bedient sich Molekularsieben, die mit Zeolithen gefüllt sind. Zeolithen sind kristalline Aluminiumsilikate, die sehr kleine Moleküle, wie das Wasser, über feine Poren aufnehmen können (vgl. Hennings, 2007: 19). Während der Rektifikation durchströmt das Wasser-Ethanol-Gemisch die Zeolithen, dabei wird nur das Wasser adsorbiert und das Ethanol liegt nun in reiner Form vor. Dieses Verfahren hat den Nachteil, dass mindestens zwei Behälter benötigt werden. Da die Zeolithen, wenn sie mit Wassermolekülen übersättigt sind, wieder mit reinem Ethanol gereinigt werden müssen (vgl. Kaltschmitt, 2009: 829). Dem entgegen bietet das Verfahren die Vorteile, dass es energiearm betrieben werden kann und die Zeolithen wieder genutzt werden können, somit eine lange Lebensdauer dieser entsteht. (vgl. Hennings, 2007: 19)

Ein modernes Verfahren der Entwässerung nutzt Membran. Durch den erzeugten Unterdruck wandert nur das Wasser durch die Membran (vgl. Hennings, 2007: 19). Dieses Verfahren verbraucht wenig Energie, jedoch sind die Membranen mit einer hohen Investition verbunden. Die kleinen und mittleren Ethanolanlagen profitieren von den kompakten Ausmaßen und geringen Energiekosten der Membranen, sodass sich auch die höheren Investitionskosten rentieren können. (vgl. Kaltschmitt, 2009: 831f)

3.1.7 Schlempe/ Koppelprodukte/ Nebenprodukte

Die Schlempe ist ein Gemisch aus Wasser und allen Komponenten, die während der Fermentation nicht in Ethanol umgewandelt wurden. Es handelt sich um eine dick- oder dünnflüssige Masse, die verwertbare Inhaltsstoffe beinhaltet. Dieses Nebenprodukt entsteht in großen Mengen. Nach Kaltschmitt (2009: 832) sind es je erzeugtem Liter Ethanol – abhängig vom Produktionsprozess – etwa 8 bis 10 Liter wässriger Schlempe. Die Kosten der Ethanolproduktion können über eine optimale Verwertung der Nebenprodukte sinnvoll minimiert werden und ermöglichen erst oft dadurch eine wirtschaftliche Produktion (vgl. Putensen 2005: 99f). Die Schlempe dient als Viehfutter, Kompostiergut, Bodenverbesserer (Dünger), Brennstoff oder als Rohstoff für Biogasanlagen. Zentrale große Anlagen produzieren im Vergleich zu den kleinen Anlagen enorme Mengen an Reststoffen, die nicht genügend regionale Abnehmer finden. So muss die Schlempe, wenn sie denn als Viehfutter dienen soll, erst energieintensiv getrocknet werden, damit diese nicht während eines ebenso kostenintensiven Transports verdirbt (vgl. Putensen, 2005: 9). Eine teilweise Verwendung der Schlempe in Biogasanlagen stellt eine ökonomische Alternative dar. Die erzeugte elektrische Energie mittels Biogasanlagen kann teils selbst verwendet werden und zum anderen Erlöse durch Einspeisen ins öffentliche Stromnetz generieren (vgl. Putensen 2005: 99ff).

Ein weiteres Nebenprodukt ist Kohlenstoffdioxid, das in großen Mengen entsteht. Große Anlagen verkaufen das gesammelte und verflüssigte Kohlenstoffdioxid an Getränkehersteller, dort dient es als Kohlensäure. Es werden ebenso Treibhäuser beliefert, um die Pflanzen schneller wachsen zu lassen. (vgl. Kaltschmitt, 2009: 850)

3.2 Ethanolgewinnung aus zucker-, stärke- und zellulosehaltigen Pflanzen

Für die Bioethanolproduktion werden überwiegend Pflanzen verwendet, die primär für die Lebensmittelproduktion bestimmt waren. Zuckerrohr ist eine der Pflanzen, die zur Ethanolproduktion genutzt wird. Aufgrund des hohen Rohzuckeranteils der Pflanze ist diese ein hoch effizienter Zuckerlieferant und ist eins der wichtigsten Exportgüter Brasiliens. Zuckerrohr wird nahezu das gesamte Jahr über geerntet. Bei der üblichen manuellen Ernte werden die Blätter abgebrannt, sodass nur noch die Halme des Zuckerrohrs verbleiben. Die Nutzung von Erntemaschinen wird immer beliebter, diese ersparen das Abbrennen durch eine maschinelle Blattentfernung. Die Halme werden gereinigt und mit Walzenpressen bearbeitet, wodurch der Zuckersaft gewonnen wird. Die einfache, immer noch weitverbreitete Variante mit nur einmaligen Walzen ist im Vergleich zu einem modernen Extraktionsverfahren wenig effektiv. Bei einem mehrstufigen Extraktionsverfahren durchläuft das Zuckerrohr mehrere Walzen und wird mit im Gegenstrom geführtem Wasser ausgewaschen. So entsteht eine vergärbare Zuckerlösung und Bagasse, das faserige Material wird zur Energiegewinnung oder für die Prozesswärme verbrannt. (vgl. Kaltschmitt, 2009: 801) Die Zuckerlösung kann in zentralen Anlagen zu Zucker verarbeitet oder zu Ethanol vergoren (siehe Kap. 3.1.1).

Zuckerrüben sind in Europa die Lieferanten des Rohzuckers. Aufgrund eines Überangebots von Rohzucker und damit fallender Marktpreise entschlossen sich Unternehmen, wie z. B. Südzucker, diesen zu Ethanol zu verarbeiten. Die Zuckerrübe enthält im Vergleich zum Zuckerrohr weniger Rohzucker und muss zu Beginn des Prozesses aufwendig von anhaftender Erde, rund 15 Gew.-%, Steinen und Blättern befreit werden. In Schnitzeln zerkleinert gelangt das Zuckerrüben-Material in Extraktionstürme, hierdurch gewinnt man einen Rohsaft mit 16 % Zuckergehalt, der vergoren werden könnte. Aufgrund einer Rübenerntekampagne von 100 Tagen und einer schlechten Lagerfähigkeit muss der Rohsaft von restlichen Begleitstoffen gereinigt und durch energieintensive Dampfprozesse eingedickt werden. Die zuckerfreien Schnitzel werden energieintensiv getrocknet und als Viehfutter genutzt. (vgl. Kaltschmitt, 2009: 800f)

In Schweden und den USA werden schon seit einigen Jahren kommerzielle Anlagen betrieben, die nur zellulosereiche Pflanzen vergären. Die höhere Ethanolausbeute rechtfertigt die gehobenen Kosten der Umwandlungsprozesse im Vergleich zu Zucker- und Stärkevergärung. Auch wenn die Verfahren der Zellulosevergärung die teuersten sind, so werden durch stetige Bemühungen der Forschung die Kosten des Verfahrens immer weiter gesenkt. Ethanol aus Zellulose wird als biogener Kraftstoff der zweiten Generation gesehen, der ökologisch und ökonomisch sinnvoll produziert werden kann und somit eine Alternative zu fossilen Kraftstoffen bietet.

4 Herstellung von Ethanol aus Industrieabfällen

Viele Rest- und Abfallstoffe aus der Industrie eignen sich für die Ethanolproduktion. Industrieabfälle, die Entsorgungskosten verursachen, wären kostengünstige (theoretisch kostenlose) Rohstoffe für die Ethanolproduktion. Kakaobohnenschalen aus der Schokoladenherstellung erzielen oft nur geringe Erlöse als Dünger, hier könnte eine Ethanolproduktion ökonomisch vorteilhafter sein.

4.1 Verwertbare Industrieabfälle/-reststoffe

Eine Vielzahl von Industriezweigen, wie beispielsweise die Lebensmittelindustrie, die Landwirtschaft, die Forstwirtschaft, die Holzindustrie, die Papierindustrie und sogar Energieerzeuger, bieten ein weites Spektrum von direkten oder indirekt gärfähigen Abfall- oder Reststoffen, wie in Abbildung 3 zusehen. Entscheidend für die Eignung ist nur, dass Glucose oder Substrate enthalten sind, die in Glucose überführt werden können. Sogar Treibhausgase, wie Kohlenstoffdioxid, können mithilfe von Algen in Bioethanol umgewandelt werden.

Abbildung 3: Abfall- und Reststoffe für die Ethanolherstellung

Abfall- und Reststoffe:	
Milchzuckerherstellung: Molkenmelasse	Kleie, Spelzen, Teigreste, Retourware
Obst-, Gemüseverarbeitung: Schäl- und Putzreste	Presskuchen aus Pflanzenölproduktion
Kakaobohnenschallen	Stroh
Altpapierverarbeitung: Faserschlamm	Resthölzer (Rinde, Späne)
entpektinisierter Apfeltrester	Kohlenstoffdioxid
Schwarzlauge aus der Zellstoffindustrie	

Quelle: Eigene Darstellung

4.1.1 Abfall- und Reststoffaufkommen

Im Verhältnis zu vielen anderen Industrienationen produziert Deutschland wenige Abfälle, die keinen weiteren Nutzen erfüllen können. Dies soll nicht bedeuten, dass Deutschland nicht als Standort für eine Bioethanolproduktion auf Industrieabfallbasis in Betracht kommt. Die Land- und Forstwirtschaft sowie die Lebensmittelindustrie produzierten im Jahre 2010 insgesamt 5,03 Mio. t Reststoffe (vgl. Statistisches Bundesamt Abfallentsorgung, 2010). Ein großer Teil dieser Reststoffe wird auf unterschiedlichsten Wegen genutzt, sei es als Viehfutter, Kompost, Dünger oder als Rohstoff in Biogas- und Verbrennungsanlagen zu Erzeugung von Strom. Ein geringer Teil der Abfälle ist nur bedingt nutzbar, aufgrund von Schadstoffbelastungen oder sonstigen Behandlungen, die herkömmliche Wiederverwertungsmaßnahmen nicht ermöglichen. Alternativ könnte sich die Verwertung dieser Reststoffe zu Ethanolproduktion als ökonomisch bessere Option für viele Industriebetriebe darstellen.

4.1.1.1 Lebensmittelindustrie

Die Molkereiindustrie produziert im Jahre 2008 annährend 20 Mio. t Käse, Tendenz steigend, dabei entsteht in etwa 15 Mio. t Molke. (vgl. BMLEV, 2008) Abhängig von der Molkenart enthält Molke im Durchschnitt einen gärfähigen Lactosegehalt von 4,8 % und weitere wertvolle Rohstoffe. Die Molke durchläuft mehrere Verfahren, um möglichst alle sich in ihr befindenden Nährstoffe, darunter vor allem die Laktose, herauszulösen. Dies ist nur bis zu einem gewissen Grad wirtschaftlich und so verbleiben 10 % der Laktose in der s. g. Melasse (vgl. Benecke, 2011: 15ff). Diese 10 % Laktose können zu Ethanol vergoren werden und würden dem Unternehmen anstelle einer kostenpflichtigen Entsorgung eine Nebeneinnahme ermöglichen. Bei einer jährlichen Produktion von 15 Mio. t Molke entsprechen die restlichen 10 % Laktose ca. 72000 t, und aus diesen ließe sich rechnerisch ca. 46 Mio. l Ethanol produzieren, siehe Berechnung 3a.

Berechnung 3a: Erzeugte Menge Ethanol aus Molkenmelasse

$$m_E(72000000) \quad [\text{Liter}] = \frac{m_M \times u}{d} = \frac{72000000kg \times 0{,}538kg}{0{,}79\,kg/l} = 49032911{,}39$$

Erläuterung der Berechnung 3a in Anhang 1 unter Gleichung 3.

Die Schokoladenindustrie stellte aus Kakaobohnen im Jahre 2011 fast 225000 t Kakaomasse her (vgl. Statistisches Bundesamt, 2011). Schalen mindern den Wert der Kakaobohne und so ist der Schalenanteil vertraglich abgesichert nie höher als 5 % (vgl. Ice-Köln, 1998). Daraus folgend entstehen 11250 t Kakaobohnenschalen. Dieser biogene Abfall findet wegen einiger qualitätssenkender Inhaltstoffe nur bedingt Verwendung als Futtermittel und muss kostenpflichtig entsorgt werden. Die Inhaltsstoffe haben keine Auswirkung auf die Produktivität der Bioethanolerzeugung. Die Kakaobohnenschalen enthalten im Durchschnitt folgende gärfähige Substrate: 5 % verschiedene Zuckersorten, 1 % Stärke und 41 % Cellulose (vgl. Mahro, et al., 2008). So ließen sich nach der Berechnung 4a aus der Schalenmasse ca. 2,1 Mio. l Ethanol herstellen.

Berechnung 4a: Erzeugte Menge Ethanol aus Kakaobohnenschalen

$$m_E(11250000) \quad [\text{Liter}] \quad = \quad \frac{(m_K \times a_Z \times u_Z) + (m_K \times a_S \times u_S) + (m_K \times a_c \times u_C)}{d} =$$

$$\frac{(11250000kg \times 0{,}05 \times 0{,}4kg) + (11250000kg \times 0{,}01 \times 0{,}506kg) + (11250000 \times 0{,}41 \times 0{,}306kg)}{0{,}79\,kg/l}$$

$$= 2147984$$

Erläuterung der Berechnung 4a in Anhang 1 unter Gleichung 4.

Die *Fruchtsafthersteller* produzierten im Jahre 2011 ca. 732 Mio. l Apfelsaft, dabei entstanden etwa 220.000 t Apfeltrester. Die Trockenmasse des Apfeltresters dient den Lebensmittelzusatzstofferzeugern als Rohstoff für die Pektingewinnung.

Der Pektinanteil in der Trockenmasse beträgt zwischen 10-17 % (vgl. Schalow, 2009: 6), der entpektinisierte Apfeltrester wird meist als Zusatz für Viehfutter genutzt. Alternativ kommt dieser Reststoff als relevanter Rohstoff für die Ethanolerzeugung infrage. Abhängig von den Verfahren der Pektinherstellung ergeben sich folgende Werte: 1 % Stärke, 4,7 % Arabinose, 3 % Xylose, 1 % Glucose, 2,3 % Fructose und 25,1 % unlöslicher Glucose (in Form von Cellulose) (vgl. Schalow, 2009: 95). Ausgehend davon, dass trotz aller biotechnologischen Möglichkeiten nicht alle Zucker fermentiert werden können, lassen sich nach Berechnung 5a aus 187.000 t entpektinisierten Apfeltrester ca. 29 Mio. l Ethanol erzeugen.

Berechnung 5a: Erzeugte Menge Ethanol aus entpektinisierten Apfeltrester

$$m_E(187000000) = \frac{(m_A a_S u_S) + (m_A a_A u_A) + (m_A a_X u_X) + (m_A a_G u_G) + (m_A a_F u_F) + (m_A a_C u_C)}{d} =$$

$$\frac{(187000000kg \times 0{,}01 \times 0{,}506kg) + (187000000kg \times 0{,}047 \times 0{,}3kg) + (187000000kg \times 0{,}03 \times 0{,}3kg)}{0{,}79\,kg/l} +$$

$$\frac{(187000000kg \times 0{,}01 \times 0{,}511kg) + (187000000kg \times 0{,}023 \times 0{,}511kg) + (187000000kg \times 0{,}251 \times 0{,}306kg)}{0{,}79\,kg/l}$$

= 28873652 Liter

Erläuterung der Berechnung 5a in Anhang 1 unter Gleichung 5.

4.1.1.2 Energieversorger

Kohle- und Gaskraftwerke werden in naher Zukunft, nachdem alle Atomkraftwerke bis 2022 abgeschaltet sind (vgl. BMU, 2012: 22), den größten Anteil an elektrischer Energie in Deutschland liefern. Dabei spielt es keine Rolle, ob es sich um fossile oder biologische Brennstoffe handelt, beide erzeugen Kohlenstoffdioxid (CO_2). Dies wird zwangsläufig dazu führen, dass die im Jahre 2009 relativ niedrigen und durch die Energieversorger erzeugten CO_2-Emissionen von 335,6 Mio. t jährlich (vgl. Statistisches Bundesamt, 2009) weiter ansteigen werden. Das anfallende CO_2, das selten eine weitere Verwendung findet und das mengenmäßig häufigste Treibhausgas darstellt, könnte kombiniert mit Sonnenlicht ein Nährmedium für eine Algenanlage bilden. CO_2 wird von fototropen Organismen fixiert und mittels Sonnenenergie zur Erzeugung von Nährstoff genutzt. Dazu zählen unter anderem Algen, die jährlich die Hälfte der aus CO_2 erzeugten Biomasse auf der Erde generieren. Aus 2 t CO_2 entsteht ca. 1 t Algenbiomasse (vgl. Bley Acatech, 2011: 89). Vor allem Mikroalgen mit ihrem extrem schnellen Wachstum und Stoffwechselprozessen erzeugen das Vierfache an Biomasse im Vergleich zu landwirtschaftlichen Pflanzen. Es bestehen zwei generelle Möglichkeiten, Algen zur Ethanolherstellung zu nutzen. Die direkte Methode nutzt die natürlichen und genetisch veränderten Eigenschaften der Cyanobakterien. Diese erzeugen nicht nur mittels Fotosynthese Energiesubstrate in Form von Zucker, sondern vergären diesen direkt zu Ethanol.

Diese kleinen Ethanolfabriken konnten unter Versuchsanlagenbedingungen jährlich aus einer Tonne CO_2 rund 520 l Ethanol herstellen (vgl. USDE, 2010). Jedoch besitzt Deutschland nicht genug Fläche (nach Berechnung 6a werden 111 Mio. ha benötigt, Deutschland besitzt nur insg. 35.7 Mio. ha), darüber hinaus ist die Sonneneinstrahlung in Deutschland nicht ausreichend, um eine ähnliche Produktivität der Cyanobakterien zu erreichen, was dazu führt, dass die benötigte Fläche sich verdoppeln würde. Aber unterstellt man eine Nutzung von nur 0,01 % des im Jahre 2009 anfallenden CO_2 der Energieversorger und eine wetterbedingte Minderung der Produktivität der Cyanobakterien um 50 %, so entstehen nach Berechnung 7a aus 33560 t CO_2 rund 8,7 Mio. l Ethanol.

Berechnung 6a: Flächenbedarf für Cyanobakterien

$$f_C\ (335600000000)\ [\text{ha}] = \frac{m_{CO}}{c_J} \times af_J =$$

$$\frac{335600000000kg}{7{,}3kg/gal.} \times (0{,}404ha/acre) \times (0{,}006acre/gal.) = 111.437.589{,}04$$

Erläuterung der Berechnung 6a in Anhang 1 unter Gleichung 6.

Berechnung 7a: Ethanolproduktion durch Cyanobakterien in Deutschland

$$m_E\ (33560000)\ [\text{Liter}] = \frac{3{,}785gal./l \times 33560000kg}{7{,}3kg/gal.} \times 0{,}5 = 8700315$$

Erläuterung der Berechnung 7a in Anhang 1 unter Gleichung 7.

Die indirekte Möglichkeit, Ethanol aus Algen zu erstellen, besteht darin, die stark wachsende Algenzuchtindustrie zu nutzen. Das wichtigste wirtschaftliche Erzeugnis ist das Algenöl, aus dem hochwertige Lebensmittelzusätze, *Beta*-Carotin, *Omega-3*-Fettsäuren und der vom deutschen Markt favorisierte Biodiesel entstehen (vgl. Luguel, 2011: 40). Die Algen enthalten neben den Ölen auch gärfähige lösliche und unlösliche Zucker, die relevante Rohstoffe für die Bioethanolproduktion darstellen. Das Ethanol wäre ein Koppelprodukt aus der anfallenden entölten Algenbiomasse. (vgl. oilgae, 2012) Die Algenarten haben einen Kohlenhydratanteil von 12–32 % bezogen auf die Algenbiomasse (vgl. Bley, 2011: 89). Angenommen ein durchschnittlicher 20 %-Kohlenhydratanteil in der Algenbiomasse würde in Ethanol vergoren werden, es wird unterstellt, dass die Kohlenhydrate vollständig aus Cellulose bestehen und es würden wieder nur 0,01 % des CO_2 der Energieversorger verwendet, so entstünden nach Berechnung 8a aus 3356 Tonnen Kohlenhydraten der Algenbiomasse rund 1,3 Mio. l Ethanol als Nebenprodukt zum Diesel und anderen hochwertigen Algenprodukten.

Berechnung 8a: erzeugte Ethanolmenge aus restlichen Kohlenhydraten der Algenbiomasse

$$m_{AK}\ (33560000)[kg] = m_{CO} \times e_A \times k_A = 33560000kg \times 0{,}5 \times 0{,}2 = 3356000$$

$$m_E(3356000)\ [\text{Liter}] = \frac{m_{AK} \times u_C}{d} = \frac{3356000kg \times 0{,}306kg}{0{,}79kg/l} = 1299918$$

Erläuterung der Berechnung 8a in Anhang 1 unter Gleichung 8.

4.1.2 Einflussfaktoren auf die Planung einer Abfallstoff-Ethanolanlage

Die Planung einer Abfallstoff-Ethanolanlage richtet sich nach der generellen Verfügbarkeit und der zentral anfallenden Menge eines Abfall- oder Reststoffes. Für eine ökonomisch und ökologisch sinnvolle Ethanolproduktion müssen viele Aspekte beachtet werden. Dieses Kapitel gibt einen kurzen Überblick über wichtige Faktoren. Die Preise für viele Reststoffe sind gering, meistens decken die Erlöse, z. B. in Form von Viehfutter, annähernd die Kosten einer alternativen Entsorgung. Es existieren auch kostengünstige Reststoffe (Abfallstoffe), deren Kosten der Aufbereitung, z. B. zu Tierfutter, die Erlöse aus deren Verkauf übersteigen. In diesen beiden Fällen würden im Wesentlichen die Transportkosten bis zur Ethanolanlage den Endpreis des Reststoffes bestimmen. Dies wiederum bedeutet, dass der Transportweg möglichst kurz sein sollte, um den Vorteil des geringen Rohstoffpreises wirtschaftlich auszunutzen. Ein weiterer Vorteil von Industrieabfällen, besonders jene aus großen Industrieanlagen, liegt in dem zentralen und in großen Mengen bestehenden Aufkommen. Die Errichtung einer Ethanolanlage in unmittelbarer Nähe zur Produktionsstätte und die Integration in die Produktionsabläufe bieten sich an.

Ein weiterer Aspekt ist die Energiedichte bzw. die Menge des gärfähigen Materials innerhalb des Reststoffes. Ein geringer Anteil gärfähigen Materials im Rohstoff (z. B. durch einen hohen Wasseranteil) führt zu erhöhten Transportkosten. Deshalb sind weite Transportwege bei Rest- und Abfallstoffen meist ökonomisch nicht sinnvoll, selten besteht ein hoher Anteil an gärfähigem Material mit niedrigem Wasseranteil (z. B. Presskuchen). Ein Transport solcher Reststoffe sollte nur in Betracht gezogen werden, wenn eine energieintensive Trocknung durch ungenutzte Prozesswärme aus der Produktionsstätte eine sehr hohe Trockenmasse ermöglicht. Findet bei einem hohen Wasseranteil des Reststoffes keine Trocknung statt, droht der Verlust von gärfähigen Energiesubstraten, ein Befall mit Fremderregern und Schädlingen. Dies kann dazu führen, dass die Fermentation des Reststoffes später verlangsamt oder gänzlich unmöglich wird. Die Lagerfähigkeit ist von ähnlichen Problemen betroffen. Bei Abfallstoffen ist mit Kontaminationen durch Erreger zu rechnen, ein langfristiger Schutz vor Befall und Verderbnis ist mit hohen Kosten verbunden. Das Kontaminationsrisiko sinkt durch die Integration in die Prozessabläufe der Produktionen. Es entfallen langfristige Lagerungen und die gleichmäßigen Reststoffströme können direkt verarbeitet werden. Nach der Fermentation entstandene Koppelprodukte können meist als Viehfutter verwertet werden, wenn die vorherigen Reststoffe ebenso als solches geeignet waren. Ihre Wertigkeit steigt zudem durch die enthaltene Hefebiomasse mit einem höheren Proteinanteil.

Aufgrund der vorteilhaften Integration der Ethanolherstellung in die Produktionsprozesse bietet es sich an, dass Lebensmittelunternehmen die Anlagen selbst betreiben. Dadurch erschließt sich eine neue Absatzmöglichkeit für die Reststoffe.

4.2 Verfahren und Konzepte für Abfallstoff-Ethanolanlagen

Zurzeit existieren bereits erfolgreiche kommerzielle Verfahren, aber auch *pre*-kommerzielle Verfahren, die aus Abfallstoffen Ethanol gewinnen. Unternehmen aus verschiedenen Industriebranchen zeigen, dass es nicht zwangsweise nötig ist, weitere Anbauflächen für die Biokraftstoffproduktion zu erschließen, sondern wir bereits heute über genügend Ressourcen in Form von Abfällen verfügen, um die Bioethanolerzeugung zu steigern. Nun werden einige Unternehmen, die Industrieabfälle für eine kommerzielle Ethanolproduktion verwerten oder die kurz vor einer kommerziellen Produktion stehen vorgestellt, weiterhin auch ein Unternehmen, dass die Ethanolherstellung aus Abfallstoffen einstellen musste.

4.2.1 Ligninsubstrat

Das Unternehmen Borregaard Schweiz AG war bis 2008 die einzige Zellstofffabrik der Schweiz. Aus Hölzern wurden bis ins Jahr 2000 ausschließlich Papierzellstoffe hergestellt, aber durch sinkende Preise der Papierzellstoffe entstand aus der wirtschaftlichen Not ein neues Produktsortiment. Die Produktion konzentrierte sich zunehmend auf Spezialzellstoffe und parallel entstanden Nebenprodukte wie Ethanol, Hefe und Lignin. Das Unternehmen war der größte Ethanolhersteller der Schweiz (vgl. Laternser, 2007). Für die Ethanolproduktion diente nicht die Zellulose, sondern es wurde nur der in großen Mengen aufkommende Reststoff aus der Zellstoffherstellung verwendet, das sogenannte Ligninsubstrat. Neben Lignin enthält das dickflüssige Substrat wertvolle vergärbare Zucker, die durch spezielle Hefen fermentiert wurden und es folgten die üblichen Verfahrensschritte der Ethanolproduktion. So entstanden aus 1000 kg Buchenholzresten etwa 50 kg Ethanol, dies führte zu einer Jahresproduktion von 11 Mio. l Ethanol. Damit konnte der Ethanolbedarf der Schweiz von 4 Mio. l mehr als 2,5-fach gedeckt werden. (vgl. Krackler, 2010: 125) Die Schließung des Werkes beruhte auf der zunehmenden Konkurrenz in der Zellstoffherstellung, weiterhin wurde durch einen gleichzeitigen massiven Preiseinsturz des Hauptproduktes die Ethanolproduktion unwirtschaftlich.

4.2.2 Molke

Die Molkerei Alois Müller GmbH & Co. KG errichtete im Bundesland Sachsen in der Ortschaft Leppersdorf die erste Bioethanolanlage, die die Abfallstoffe der Molkenveredelung zur Ethanolgewinnung nutzt. Aus der enteiweißten Molke ließe sich bereits Ethanol gewinnen, jedoch würde hierbei eine höhere Wertschöpfung durch die Konzentrierung der Laktose aus dem Rohstoff und dem Verkauf des Laktosepulvers entstehen (vgl. Müller, 2006: 1f). Die Ethanolanlage wurde 2008 in Betrieb genommen und produziert aus 8 t Melasse, einem Reststoff der Molke, jährlich ca. 10 Mio. l Ethanol (vgl. Müller 2012). Die Ethanolanlage wurde in den Molkereibetrieb integriert, sodass die Prozesse ineinandergreifen. Somit entfallen Transport- oder Lagerstätten für den Reststoff. Das Unternehmen entwickelte eigene Verfahren, um die restliche Laktose aus der Molke zu vergären.

Anders als bei der Glucose sind nicht alle Mikroorganismen aufgrund eines fehlenden Enzyms imstande, Laktose direkt zu Ethanol zu vergären. Die Umwandlung übernehmen hier Mikroorganismen wie *Kluyveromyces marxianus*. (vgl. Benecke 2011, S. 18ff) Nach der Vergärung folgt der traditionelle Prozess der Ethanolherstellung: Destillation, Rektifikation und die Konzentrierung des Ethanols auf 99,8 %. Das bei der Fermentation entstandene Kohlendioxid wird zum Teil gesammelt und verflüssigt. Es dient in anderen Bereichen z. B. zur Kühlung der Lebensmittel. In den späteren Kapiteln wird das hier kurz vorgestellte Beispiel einer genaueren ökonomischen Bewertung unterzogen sowie das Verfahren genauer beschrieben.

4.2.3 Kohlenstoffdioxid

Eine Machbarkeitsstudie war der Anlass zur Gründung des Bio-Technologie-Unternehmens Cyano Biofuels. Die Firma entstand im Jahre 2007 in Berlin und ist die Forschungstochter des US-Unternehmens Algenol Biofuels. Das Unternehmen forscht mit Cyanobakterien, die man früher als Blaualgen bezeichnet hat. Diese grün schimmernden Bakterien bieten gegenüber höheren Pflanzen (Nutzpflanzen) einige Vorteile. Cyanobakterien sind sehr anspruchslos, was ihr Lebensumfeld betrifft, sie benötigen nur geringe Mengen an Mineralstoffen, sie überleben in Salzwasser, sie betreiben Fotosynthese sehr viel effektiver. Der größte Vorteil der Cyanobakterien ist, dass sie den Zucker (Glucose) bei Dunkelheit selbst zu Ethanol fermentieren. Hier setzten die Forscher von Cyano Biofuels an und beschleunigten zum einen die Ethanolproduktion der Zellen, zum anderen veränderten sie den Stoffwechselweg der Cyanobakterie, sodass bei Tageslicht Ethanol entsteht. (BMBF, 2010) Mit dem s. g. DIRECT TO ETHANOL Verfahren wandeln die Cyanobakterien den reichlich vorhandenen Abfallstoff CO_2 direkt zu Ethanol um. Es wurden zwei Versuchsanlagen in den USA errichtet. Die im Labor verwendeten Fotobioreaktoren, dies sind Glaskolben, die eine höhere Sonnenlichtbestrahlung ermöglichen, konnten für die Versuchsanlage aus Kostengründen nur in geringem Maß verwendet werden. Es wurden kostengünstige, flache Tanks als Lebensraum für die Cyanbakterien gewählt, diese sind mit einer zeltförmigen und durchsichtigen Folie überdacht. In die Tanks wird kontinuierlich CO_2 aus den umliegenden Industriefabriken zugeführt und das Licht fällt durch die Folie. Das entstandene Ethanol liegt in einem Wassergemisch vor, es verdampft und wird eingesammelt. Anders als bei der Hefefermentation entsteht nahezu nur Ethanol, deshalb muss es nur entwässert werden. (vgl. BMBF, 2010) Die Anlage in Texas produziert jährlich aus 730 t CO_2 mehr als 380.000 l Ethanol. (vgl. USDE, 2010)

5 Ökonomische Bewertung der Ethanolproduktion aus Industrieabfällen

Im folgenden Kapitel sollen die Produktionskosten mitsamt allen Einflussfaktoren, die beim Einsatz von Industrieabfällen für die Ethanolproduktion am Beispiel der Molkenmelasse entstehen, näher betrachtet werden. Zum Schluss des Kapitels folgt ein ökonomischer Vergleich mit den am häufigsten verwendeten Rohstoffen der deutschen Ethanolindustrie.

5.1 Ethanolgewinnung aus Abfällen einer Molkerei

Als Nebenprodukt entsteht am Ende der Wertschöpfungskette der Käseherstellung und der darauf folgenden Laktosegewinnung die s. g. Molkenmelasse. Diese wird als Viehfutter oder flüssiger Dünger entsorgt (vgl. Müller, 2006: 1). Die Molkenmelasse wäre ein vielversprechender Rohstoff für die Ethanolproduktion. Aufgrund konstanter Absatzmengen der Molkereien über das Jahr hinweg, aber der seit den 1990er Jahren stark rückläufigen Anzahl von Betrieben, entstehen zentral große Mengen Molkenmelasse mit ungenutzter Laktose. Aus wirtschaftlichen Gründen verbleiben 10 % der anfänglich in der Molke enthaltenden Laktose in der Molkenmelasse (Benecke, 2011: 17).

Eine Berechnung der Ethanolproduktionskosten aus Molkenmelasse geschieht nur anhand von Produktionsangaben der Unternehmen. Bestimmte Faktorkosten müssen geschätzt oder durch vergleichbare Prozesse ermittelt werden, da nur ein Teil der Angaben von den Milchunternehmen veröffentlicht wird. Die Berechnungen der Kosten basieren zum Teil auf dem Beispiel einer Ethanolanlage, wie sie in Leppersdorf Sachsen von der Molkerei Alois Müller GmbH & Co. KG realisiert wurde. Hierbei handelt es sich um eine dezentrale Ethanolanlage, die nur mit der Molkenmelasse der anliegenden Käserei versorgt wird. Die Ethanolanlage wurde in die Prozesskette der Molkerei integriert, um möglichst viele Synergie-Effekte zu nutzen. In den nächsten Kapiteln wird näher darauf eingegangen.

5.1.1 Rohstoffkosten

Es wird unterstellt, dass die Molkenmelasse keine Rohstoff- oder Produktionskosten verursacht, da keine lukrative alternative Verwendung für dieses Nebenprodukt besteht. Die Molkenmelasse wird mit finanziellem Aufwand regionalen Landwirten als Tierfutter oder Dünger zur Verfügung gestellt, hierbei handelt es sich nur um eine kostengünstigere Entsorgungsvariante, da die Bereitstellungskosten als Tierfutter oder Dünger höher sind als der Erlös durch deren Verkauf. Die alternative Entsorgung als biogenes Abwasser wäre mit weitaus höheren Kosten verbunden. Somit steht die Molkenmelasse als theoretisch kostenloser Rohstoff zur Verfügung. Der Transport sowie eine lange Zwischenlagerung entfallen durch die Integration in die Prozesskette, sodass hier keine Investitionskosten entstehen.

5.1.2 Konversionsprozesse

5.1.2.1 Investitionskosten

Die Investitionskosten einer Ethanolanlage mit einer Erzeugungskapazität von 10 Mio. l jährlich, wie sie in Leppersdorf errichtet wurde, belaufen sich auf 20 Mio. € (vgl. Müller, 2012). Solche Vorhaben werden aktuell von der Regierung auf sämtlichen Ebenen unterstützt. Der Bund, die Länder sowie die EU haben in den vergangenen Jahren die jährlichen Fördermittel für erneuerbare Energien stetig erhöht, deshalb kann eine Fördersumme von 30 % der Investitionskosten unterstellt werden. Es wird unterstellt, dass die Investition durch die Inanspruchnahme eines festen Kredites mit einem unterstellten effektiven Jahreszinssatz von 5 % finanziert wird. Nach Henniges ist eine Aufteilung von Maschinen und Gebäuden mit unterschiedlichen Nutzungsdauern realistischer. Der besseren Vergleichbarkeit halber wird eine Nutzungsdauer von 10 Jahren für die Maschinen und von 20 Jahren für die Gebäude veranschlagt (vgl. Henniges, 2007: 50f). Eine Aufteilung der Anteile an der Investitionssumme geschieht wie folgt: 20 % Gebäude und 80 % Maschinen. Daraus resultieren für eine Kapazität von 10000 m³ nach Rechnung 9a Investitionskosten von 167,51 €/m³. In der Tabelle 2 sind die Investitionskosten für weitere Kapazitäten aufgezeigt.

Rechnung 9a: Investitionskosten für eine Molkenmelasse-Ethanolanlage

$$k_I \text{ [€/m}^3\text{]} = \frac{i \times f \times a_G \dfrac{z \times (1+z)^{n_G}}{(1+z)^{n_G} - 1} + i \times f \times a_M \dfrac{z \times (1+z)^{n_M}}{(1+z)^{n_M} - 1}}{k}$$

$$= \frac{224679\,\text{EUR} + 1450451\,\text{EUR}}{10000 m^3} = 167{,}51$$

k_I = Investitionskosten für Ethanol [€/m³]

Erläuterung der Rechnung 9a in Anhang 1 unter Gleichung 9.

Tabelle 2: Investitionskosten Molkenmelasse-Ethanolanlage

Kapazität [m³/a]		**10000**	**5000**	**2000**
Kostenposition		[EUR/m³]	[EUR/m³]	[EUR/m³]
	Gebäude*	22,47	26,96	33,70
Investitionen	Maschinen**	145,05	174,05	217,57
	Gesamt	167,51	201,02	251,27

*Nutzungsdauer 20 Jahre, Zinssatz 5 %

**Nutzungsdauer 10 Jahre, Zinssatz 5 %(vgl. Henniges, 2007: 50f)

Quelle: Angepasste Berechnung und Darstellung

Eine weitere Minderung der Investitionskosten kann bei nachwachsenden Rohstoffen durch positive Skaleneffekte erzeugt werden, indem die Kapazität gesteigert wird. Im Falle der Molkenmelasse ist dies nicht möglich, aufgrund der Integration in die Prozesskette kann bei einer gleichzeitigen Steigerung der Käseherstellung nur die Menge der Molkenmelasse erhöht werden. Durch die fehlende Transportwürdigkeit der Melasse kann durch Lieferungen anderer Betriebe die Kapazität der Ethanolproduktion ebenso nicht weiter gesteigert werden. In Deutschland existieren keine größeren Molkereien, die mehr als 10 Mio. l Ethanol Jahresproduktionskapazität zulassen würden. Die vier größten Molkereien Deutschlands produzierten im Jahre 2006 mindestens mehr als 15000 t und durchschnittlich ca. 23000 t Milchzucker. (vgl. BMELV, 2006: 43) Nach dem Verfahren der Molkerei Müller GmbH & Co. KG (vgl. Müller, 2006: 2) entstehen so nach Berechnung 10a neben 23000 t Milchzucker 6,7 Mio. l Ethanol im Jahr. Es ist jedoch bekannt, dass die Molkerei in Leppersdorf die gewählten 10 Mio. l Ethanol produziert, was weit über dem Durchschnitt liegt. Deshalb wird davon ausgegangen, dass die 10 Mio. l die maximale Jahreskapazität für einen Standort sind und die weiteren Molkereien zumindest nach Berechnung 10b mehr als 4,4 Mio. l Ethanol produzieren könnten.

Gleichung 10: Ethanolmenge Nebenprodukt bei Milchzuckerherstellung

$$m_E(m_{MZ}) = m_{MZ} \times k_E$$

m_E = Ethanolmenge [Liter]

m_{MZ} = Milchzuckermenge [kg]

k_E = Umrechnungsfaktor Nebenprodukt Ethanol bei Milchzuckerherstellung

(17 l Ethanol/58 kg Milchzucker) (vgl. Müller, 2006: 2) = 0,29 l/kg

Berechnung 10a: Ethanolmenge Nebenprodukt bei Milchzuckerherstellung

$$m_E(23000000) = 23000000kg \times 0{,}29l/kg = 6693000 \text{ l}$$

Berechnung 10b: Ethanolmenge Nebenprodukt bei Milchzuckerherstellung

$$m_E(15000000) = 15000000kg \times 0{,}29l/kg = 4365000 \text{ l}$$

5.1.2.2 Neben- und Personalkosten

Die Nebenkosten (Versicherungen, Reparatur und Sonstiges) werden der Einfachheit halber von Investitionskosten abgeleitet, auch wenn diese in erster Hinsicht von der Höhe der variablen Kosten abhängig sind. Folgende Prozentsätze werden gewählt: 1 % Versicherungskosten, 2 % Reparaturkosten und 1 % sonstige Kosten, also insgesamt 4 % der jährlichen Investitionssumme (vgl. Henniges, 2007: 51f). Bei der 10 Mio. l Anlage belaufen sich die jährlichen Investitionskosten auf 167,51 €/m³ (siehe Kapitel 5.1.2.1).

Daraus resultieren Nebenkosten in Höhe von 6,70 €/m³ Ethanol. Tabelle 3 zeigt die Nebenkosten bei unterschiedlichen Produktionskapazitäten der Bioethanol-Anlagen.

Tabelle 3: Nebenkostenübersicht Molkenmelasse-Ethanolanlage

Kapazität [m³/a] Kostenposition	**10000** [EUR/m³]	**5000** [EUR/m³]	**2000** [EUR/m³]
Nebenkosten*	6,70	8,04	10,05

*1 % Versicherungskosten, 2 % Reparaturkosten und 1 % sonstige Kosten der jährlichen Investitionssumme (vgl. Henniges, 2007: 51f)

Quelle: Angepasste Berechnung und Darstellung (vgl. Henniges, 2007: 51f)

Es bestehen keine Informationen hinsichtlich der benötigten Mitarbeiteranzahl für die Ethanolanlage in Leppersdorf. Deshalb leitet sich die Berechnung der Personalkosten nach Schätzungen von Henniges ab. Für eine Ethanolanlage mit einer Kapazität von 50 Mio. l werden 37 Arbeitskräfte benötigt (vgl. Henniges, 2007: 52). Ausgehend von einer 10 Mio. l Kapazität (Kap.) kann auf einige Mitarbeit, wie z. B. Anlagenfahrer oder Verwaltungspersonal, verzichtet werden. Hier wird eine Anzahl von 23 Arbeitskräften unterstellt. Die Positions- und Gehaltsaufteilung für die 10 Mio. l Anlage sind in Anhang 2 (Tab.7a) aufgeführt. Es entstehen jährliche Personalkosten von 830.000 €, dies entspricht 83 €/m³ Bioethanol. In Tabelle 4 ist zu sehen, dass die jährliche Produktionskapazität eine erhebliche Auswirkung auf die Personalkosten hat. Das Personal kann nicht im gleichen Verhältnis wie die Kapazität reduziert werden, weil immer ein Minimum an speziellen Fachkräften, die nicht durch angelernte Arbeitskräfte ersetzt werden können, benötigt wird, um eine Anlage zu betreiben. Dies führt dazu, dass bei einer Kapazität von 2 Mio. l Ethanol jährlich die Personalkosten mehr als dreimal so hoch sind, wie in der Anlage mit 10 Mio. l Kapazität. Die Positions- und Gehaltsaufteilung für die 5 und 2 Mio. l Anlage sind in Anhang 2 (Tab.7b) und (Tab.7c) aufgeführt.

Tabelle 4: Personalkostenübersicht Molkenmelasse-Ethanolanlage

Kapazität [m³/a] Kostenposition	**10000** [EUR/m³]	**5000** [EUR/m³]	**2000** [EUR/m³]
Personal	83,00*	148,00**	305,00***

*Tabelle 7a.: Arbeitskräfte für MMEA Kapazität 10 Mio. Liter Bioethanol
**Tabelle 7b.: Arbeitskräfte für MMEA Kapazität 5 Mio. Liter Bioethanol
*** Tabelle 7c.: Arbeitskräfte für MMEA Kapazität 2 Mio. Liter Bioethanol

Quelle: Angepasste Berechnung und Darstellung (vgl. Henniges, 2007: 52)

5.1.2.3 Betriebsmittel

Die Berechnung der Betriebsmittelkosten entsteht durch Anpassung ähnlicher Verfahren der Ethanolherstellung. Zu beachten ist, dass die Daten ursprünglich vom Einsatz der Zuckerrübenmelasse stammen und nur eine Annäherung an die tatsächlich entstandenen Kosten ermöglichen. Die Zusammensetzung und der Anteil an den Gesamtkosten der einzelnen Betriebsmittel gehen aus der Tabelle 8 im Anhang 2 hervor.

Zu Beginn der Fermentation müssen Agrarrohstoffe in Wasser eingeweicht werden, die Molkenmelasse besitzt hingegen bereits einen hohen Wasseranteil. Lediglich eine Wassermenge im gleichen Verhältnis zur bestehenden Melassemasse muss hinzugegeben werden. Es ist davon auszugehen, dass das Kondensat aus der Schlempentrocknung größtenteils wiederverwertet wird. Als Kondensat entstehen ca. 357 Mio. l Wasser (Berechnung 11a), jedoch werden nur ca. 206 Mio. l Prozesswasser benötigt (Gleichung 12). Zum anderen kann die angrenzende Molkerei ebenfalls aufbereitetes Prozesswasser zur Verfügung stellen. Dadurch wird unterstellt, dass keine Anschaffungskosten für Prozesswasser entstehen. Es ist ebenso anzunehmen, dass nach heutigem Stand der Technik möglichst viel Kühlwasser wiederverwertet wird. Dieses befindet sich in einem Kreislaufsystem, somit sind die Verluste äußerst gering. Solche Kreislaufsysteme sind heute ein Standard in neuen Anlagen. Das Kühlwasser belastet mit nur 0,5 €/m³ Bioethanol kaum die Betriebsmittelkosten. (vgl. Schmitz, 2003: 105)

Berechnung 11a: Kondensatmenge bei Schlempentrocknung

$$k\,(m_V) = -1\left(\frac{(ds - f_L)\times m_V}{ds_G} - m_V\right) =$$

$$-1\left(\frac{(1\times 0{,}10 - 0{,}06)\times(2\times 206188118)}{1\times 0{,}3} - (2\times 206188118)\right) = 356.997.545 \text{ Liter}$$

k = Kondensatmenge [Liter]

m_V = um 50 % verdünnte Melassemenge m_M [Liter]

$$m_M(j) = \frac{j}{u_L}\times v = 10000000 / 0{,}404 \text{ x } 8{,}33 = 206188118 \text{ Liter}$$

m_M = Melassemenge [Liter]

Erläuterung der Berechnung 11a in Anhang 1 unter Gleichung 11.

Gleichung 12: Prozesswasser bei Schlempentrocknung

$$w_P = m_M = 206188118 \text{ Liter}$$

w_P = Prozesswasser [Liter]

m_M = Melassemenge [Liter]

Erläuterung der Gleichung 12 in Anhang 1 unter Gleichung 12.

Das Kondensat der Schlempe, das keine Verwendung als Prozesswasser findet, muss als belastetes Abwasser oder nach einer kostenintensiven Reinigung als unbelastetes Wasser entsorgt werden. Ausgehend davon, dass eine Filtration dieser Mengen unwirtschaftlich ist, entstehen durch ca. 151 Mio. l Abwasser nach den Abwassergebühren (0,80 €/m³ Abwasser) jährliche Kosten in Höhe von (nach Berechnung 13a) 12,06 €/m³ Bioethanol.

Berechnung 13a: Abwasserkosten

$$K_A\ (a_M, J)\ [€/m^3] = \frac{a_M \times g}{J} = \frac{150809{,}43 \times 0{,}8}{10000} = 12{,}06$$

K_A = Abwasserkosten bezogen auf 1000 Liter Bioethanol [€/m³]

a_M = Abwassermenge [m³] = k - w_P = 356997545 Liter - 206188118Liter

Erläuterung der Berechnung 13a in Anhang 1 unter Gleichung 13.

Die Kosten nach Berechnung 14a belaufen sich für Dampf auf 157,50 €/m³ Bioethanol für die Bereitstellung von Prozesswärme. Der Dampf erzeugt die höchsten Kosten aller Betriebsmittel. Obwohl keine genauen Daten vorliegen, wird in der Berechnung 14a auf Daten der Zuckerrübenmelasse Bezug genommen (vgl. Schmitz, 2003: 100). Es kann davon ausgegangen werden, dass hier im Vergleich zur Zuckerrübenmelasse oder Weizen weniger Dampf benötigt wird, da weder Zellwände noch die Stärke mittels Einsatz von Dampf aufgeschlossen werden müssen. Darüber hinaus kann von Synergieeffekten zwischen der Molkerei und der Ethanolanlage ausgegangen werden. Die Wärme von Prozessen der Molkerei kann durch Umleitung sicherlich technisch für die Fermentation genutzt werden. Deshalb ist die Annahme einer Halbierung der benötigten Dampfmenge, wie sie beim Einsatz von Zuckerrüben zutrifft, sicherlich möglich (vgl. Schmitz, 2003: 26f). Dennoch werden die Dampfkosten von 157,50 €/m³ unterstellt und beibehalten.

Berechnung 14a: Dampfkosten

$$K_D\ (10000) = \frac{(10000 \times 3{,}6 \times 43{,}75)}{10000} = 157{,}5€/m^3$$

K_D = Dampfkosten bezogen auf 1000 Liter Bioethanol [€/m³]

Erläuterung der Gleichung 14a in Anhang 1 unter Gleichung 14.

Über den Stromverbrauch liegen ebenso keine genauen Informationen vor. Als Orientierung dient der Stromverbrauch einer Ethanolanlage, die Zuckerrübenmelasse als Rohstoff einsetzt. Mit einem unterstellten Strompreis für Industrieabnehmer von 0,10 €/KWh und einem Verbrauch von 162 KWh/m³ Ethanol (vgl. Schmitz, 2003: 100), kann von 16,20 €/m³ Ethanolkosten nach der Berechnung 15a ausgegangen werden.

Berechnung 15a: Stromkosten

$$K_S\ (10000) = \frac{(10000 \times 162 \times 0{,}10)}{10000} = 16{,}2€/m^3$$

K_S = Stromkosten bezogen auf 1000 Liter Bioethanol [€/m³]

Erläuterung der Berechnung 15a in Anhang 1 unter Gleichung 15.

Der Energieaufwand ist für heutige Verhältnisse ziemlich hoch bemessen, wenn man z. B. in Betracht zieht, dass aktuell Molekularsiebe zu Entwässerung des Alkohols eingesetzt werden, was eine erhebliche Energieersparnis gegenüber früheren Verfahren hervorruft. Ein weiterer Grund für die reduzierten Stromkosten ist die Maische der Molkenmelasse mit einem vergleichbaren hohen Alkoholgehalt, dies verkürzt die Destillation, wodurch wiederum Energie gespart werden kann (vgl. Schmitz 2003: 92). Die energieeffizientesten Konzepte moderner Anlagen werden so geplant, dass sie ihren reduzierten Stromverbrauch durch BHKW in Verbindung mit z. B. Biogasanalgen selbst decken können, oder sogar der Überschuss an Elektrizität ins öffentliche Stromnetz gegen eine Vergütung eingespeist wird. Somit sind die unterstellten reduzierten Stromkosten durchaus vertretbar, es ist eher damit zu rechnen, dass diese deutlich geringer ausfallen.

Die chemischen Betriebsmittel reduzieren sich lediglich auf Schwefelsäure, die für die pH-Wert-Einstellung benötigt wird, chemische Mittel, die als Anti-Schaumbilder fungieren und geringe Mengen Diammoniumphosphat, das als Proteinquelle für ein optimales Hefewachstum benötigt wird. Es werden Kosten für die Schwefelsäure unterstellt, die sich hier auf 0,60 €/m³ Ethanol belaufen, wie z. B. bei der Zuckerrübe Henniges berechnet (vgl. Henniges, 2007: 271). Wieder orientiert an der Produktion aus Zuckerrüben verursachen die Anti-Schaumbilder Kosten in Höhe von 1,60 €/m³ Ethanol (vgl. Henniges, 2007: 271).

Durch die Zugabe von Proteinquellen in Form von Diammoniumhydrogenphosphat wird das Wachstum der Hefebiomasse verbessert und eine Steigerung der Ethanolausbeute ermöglicht, dies ist im Falle der Molkenmelasse nicht nötig, da diese über genügend Proteinquellen verfügt (vgl. Benecke, 2011: 41ff).

Die Gesamtkosten für Betriebsmittel belaufen sich auf ca. 188 €/m³ Bioethanol, wie es aus der Tabelle 5 im Anhang 2 hervorgeht.

5.1.3 Koppelprodukte

Die Erlöse, die durch Koppelprodukte erzielt werden, sind ebenfalls eine Schätzung. Aufgrund fehlender Informationen wird die einfachste Wahl hinsichtlich der Verwertung der Schlempe gewählt. Es ist davon auszugehen, dass die Schlempe bis auf 30 % Trockenmasse konzentriert wird und das ein Teil der Trockenmasse aus den 50 % Hefebiomasse, die nicht herausgefiltert werden, besteht (vgl. Müller, 2006: 3f).

Die Hefebiomasse steigert mit einem hohen Proteingehalt die Wertigkeit der Schlempe. Flüssiges Proteinfuttermittel, s. g. CDS (Condensed Distillers' Solubles), werden von anderen Ethanolherstellern, wie der CropEnergies Bioethanol GmbH, angeboten. Bei nur gering anfallenden Mengen rechnet sich eine kostenintensive Trocknung auf 90 % Trockenmasse wie bei üblichen DDGS (Dried Distillers' Grains with Solubles) nicht, da das Futtermittel an die Milch liefernden Landwirte im näheren Umkreis ohne weite Transportwege vertrieben werden kann. Der Erlös durch die Futtermittel aus dem Nebenprodukt der Ethanolherstellung hat einen stark senkenden Einfluss auf die Produktionskosten und kann über die Wirtschaftlichkeit einer Ethanolproduktion entscheiden (vgl. Putensen 2005: 99). Die Kosten für die Produktion der CDS sind in die Gleichung 14 und der Berechnung 14a der Betriebsmittelkosten (Dampfkosten) eingeflossen, es wurde von einer benötigten Dampfmenge 3,6 t Dampf/m^{3}Ethanol ausgegangen, siehe Anhang 1 Gleichung 14. Dieser Wert beinhaltet die Dampfmenge, die zuzüglich vonnöten ist, um DDGS, das eine höhere Trockenmasse besitzt als CDS, aus der Schlempe herzustellen (vgl. Schmitz 2003: 103f). Es wird ein geringerer Preis unterstellen als für ein vergleichbares Produkt, z. B. ProtiWanze von dem Unternehmen Beuker, wie es in Belgien und Holland angeboten wird. Aufgrund fehlender Kenntnis über die Akzeptanz der Verbraucher kann nicht davon ausgegangen werden, dass ein Preis von 1,40 € je % Trockensubtanz in m^3 CDS wie für ProtiWanze (boerderij, 2011) bezahlt wird. Es wird unterstellt, dass ein Preis mit 1,00 € je % Trockensubtanz in m^3 CDS von den Landwirten der näheren Region angenommen wird.

Durch die Berechnung entsteht bei der Produktion von 10 Mio. l Ethanol beim Einsatz von Molkenmelasse ca. 55 Mio. l flüssiges Futtermittel mit 30 % Trockenmasse, hierdurch ergibt sich nach Berechnung 17a ein jährlicher Erlös von ca. 1,7 Mio. € und nach Berechnung 18a bedeutet dies, dass die Kosten um ca. 166 €/m^3 erheblich gemindert werden. In dem nächsten Kapitel wird auf die wichtige wirtschaftliche Bedeutung der Nebenprodukte eingegangen.

Berechnung 16a: entstehende Menge an CDS bei Einsatz von Molkenmelasse

$$m_C\,(10000000) =$$

$$(\frac{2 \times 10000000 \times 0{,}404 \times 8{,}33 \times (0{,}10 - 0{,}06)}{0{,}30} - 412376237) + 412376237 = 55378692$$

m_C = erzeugte CDS-Menge [Liter]

J = Jahreskapazität Ethanol [Liter]

Erläuterung der Berechnung 16a in Anhang 1 unter Gleichung 16.

Berechnung 17a: Erlös aus CDS

$$E_C\ (10000) = ((\frac{2 \times J \times u_L \times v \times (s - f_L)}{s_G} - m_V) + m_V) \times p_C = 55378692 \times 30 = 1661360$$

E_C = Erlös aus DGS bezogen auf ein Jahr [€/a]

J = jährliche Produktionskapazität der Anlage [m^3/a]

Erläuterung der Berechnung 17a in Anhang 1 unter Gleichung 17.

Berechnung 18a: Kostenminderung durch CDS

$$M_C = \frac{E_C}{J} = \frac{1661360}{10000} = 166{,}14\ €/m^3$$

M_C = Kostenminderung durch CDS [€/m^3]

J = jährliche Produktionskapazität der Anlage [m^3]

E_C = Erlös aus DGS bezogen auf ein Jahr [€] (siehe Berechnung 17a)

5.1.4 Ethanolherstellungskosten

Die Bruttoproduktionskosten von 444,58 €/m³ Bioethanol (siehe Tabelle 5), die bei der Verwendung von Molkenmelasse bei einer Kapazität von 10 Mio. l Ethanol entstehen, sind höher als der minimale Weltmarktpreis von 406 €/m³ (siehe Kapitel 2.2), trotz des theoretisch kostenlosen Rohstoffes. Hier zeigt sich die wirtschaftliche Bedeutung der Koppelprodukte aus der Ethanolproduktion. Durch den unterstellten Verkauf von CDS für einen vergleichbar niedrigen Preis werden die Produktionskosten wie in Tabelle 6 zusehen um 37,4 % gesenkt, was zu Nettoproduktionskosten von ca. 278 €/m³ führt und somit aus Molkenmelasse Bioethanol zu konkurrenzfähigen Kosten hergestellt werden kann, sogar auf globaler Ebene.

Die meisten Molkereien in Deutschland verfügen nicht über solch große Reststoffaufkommen um eine jährliche Produktion von 10 Mio. l Ethanol zu ermöglichen. Ende 2006 bestanden vier Großmolkereien mit einer jährlichen durchschnittlichen Produktion von 15000 t und mehr Milchzucker und drei Molkereien mit einer jährlichen durchschnittlichen Produktion bis 15000 t und weniger Milchzucker. (vgl. BMELV, 2006: 43)

Ab ca. 17000 t Laktose wäre eine Produktion nach Berechnung 10c von ca. 5 Mio. l Ethanol möglich, und ebenso gilt für 6800 t Laktose eine Produktion von 2 Mio. l Ethanol. An den unterschiedlichen Kapazitäten soll aufgezeigt werden, ab welchen Kapazitätsvolumen eine Produktion von Ethanol aus Molkenmelasse ökonomisch sinnvoll wäre.

Tabelle 5: Produktionskostenübersicht Molkenmelasse-Ethanolanlage

Rohstoff		Molkenmelasse					
Kapazität [m³/a]		10000		5000		2000	
Kostenposition		[EUR/m³]	[%]	[EUR/m³]	[%]	[EUR/m³]	[%]
	Gebäude*	22,47	5,1	26,96	5,0	33,70	4,5
Investitionen	Maschinen**	145,05	32,6	174,05	32,0	217,57	28,9
	Gesamt	167,51	37,7	201,02	36,9	251,27	33,3
Nebenkosten***		6,70	1,5	8,04	1,5	10,05	1,3
Personal		83,00	18,7	148,00	27,2	305,00	40,5
Rohstoff		0,00	0,0	0,00	0,0	0,00	0,0
Betriebsmittel		187,37	42,1	187,37	34,4	187,37	24,9
Brutto-Produktionskosten		444,58	100,0	544,42	100,0	753,69	100,0
Minus-Nebenprodukterlös		-166,14	-37,4	-166,14	-30,5	-166,14	-22,0
Netto-Produktionskosten		**278,44**	**62,6**	**378,29**	**69,5**	**587,55**	**78,0**

*Nutzungsdauer 20 Jahre, Zinssatz 5 %
**Nutzungsdauer 10 Jahre, Zinssatz 5 %
***1 % Versicherungskosten, 2 % Reparaturkosten und 1 % sonstige Kosten der jährlichen Investitionssumme (vgl. Henniges, 2007: 50ff)
Quelle: Eigene Berechnung und Darstellung (vgl. Henniges, 2007: 55)

Berechnung 10c: Ethanolmenge Nebenprodukt bei Milchzuckerherstellung

$m_E(m_{MZ}) = m_{MZ} \times k_E$,

m_E = Ethanolmenge [Liter]

m_{MZ} = Milchzuckermenge [kg]

k_E = Umrechnungsfaktor Nebenprodukt Ethanol bei Milchzuckerherstellung

(17 l Ethanol/58 kg Milchzucker) (vgl. Müller, 2006: 2) = 0,29 l/kg

$m_E(17000000) = 23000000kg \times 0{,}29l / kg = 4982758$ Liter

$m_E(6800000) = 6800000kg \times 0{,}29l / kg = 1993103$ Liter

Anhand der Tabelle 5 ist zu erkennen, dass bei einer Kapazität bis 5 Mio. l Ethanol eine positive Wirtschaftlichkeit der Produktion gegeben ist. Selbst bei einem äußerst niedrigen Ethanolpreis von 406 €/m³ kann durch den Nebenerlös der Koppelprodukte, der die Brutto-Produktionskosten um mehr als 30 % senkt, wirtschaftlich Ethanol produziert werden.

Die Netto-Produktionskosten einer 2 Mio. l Ethanol Anlage wären wirtschaftlich jedoch nicht mehr zu vertreten. Die Investitionskosten und Personalkosten, die sich nicht im gleichen Verhältnis zum Kapazitätsumfang mindern lassen, aufgrund logistischer und technischer Gegebenheiten, verursachen so zusammen 73,8 % der Gesamtkosten. Selbst ein Mindestbestand an Arbeitskräften verursacht 40,5 % der Gesamtkosten, dies sind 305 €/m³, im Vergleich sind es bei der 10 Mio. l Anlage nur 18,7 % der Kosten mit 83 €/m³. Eine Möglichkeit, die Kosten soweit zu senken, dass auch bei kleinen Kapazitäten wirtschaftlich produziert wird, wäre eine bessere Ausnutzung der Koppelprodukte. Aus den Koppelprodukten können die Proteine isoliert werden, die einen höheren Erlös versprechen als die Vermarktung von flüssigem Futtermittel. Gerade für kleinere Anlagen lohnen sich relativ hohe Investitionen für moderne Filtersysteme, da aus geringeren Mengen anfallender Schlempe höherwertige Produkte erstellt werden können.

Der Preis des CDS wurde mit 1,00 € je Prozentsatz Trockenmasse sehr niedrig bewertet. Nach Berechnung 19a müsste der Preis für das CDS mindestens um das 2,1-fache steigen, damit die Produktion wirtschaftlich sein kann und sich unter dem Weltmarktpreis für Ethanol von 406 €/m³ befindet.

Gleichung und Berechnung 19a: Mindestpreis CDS wirtschaftliche Produktion 2 Mio. l

$$p_M = \frac{k_{E2} - p_{WE}}{E_{C2}} = \frac{754 - 406}{166} = 2{,}1$$

p_M = Mindestpreis CDS wirtschaftliche Produktion

p_{WE} = Weltmarktpreis Ethanol = 406 €/m³

k_{E2} = Brutto-Produktionskosten 2 Mio. Liter Ethanolanlage = 754 €/m³

E_{C2} = Erlös aus CDS bei 2 Mio. l Ethanolanlage = 166 €/m³

Durch die Berechnung der Produktionskosten konnte in Tabelle 5 gezeigt werden, dass bei einer Kapazität von 5 Mio. l selbst unter der Annahme von ungünstigen Bedingungen (hoher Zinssatz niedrige Koppelproduktpreise, niedrige Ethanolpreise) die Ethanolproduktion aus Molkenmelasse für einige Molkereibetriebe einen wirtschaftlichen Vorteil bieten könnte. Aufgrund des wirtschaftlichen Potenzials wäre es wünschenswert, wenn weitere ökonomische Bewertungen bei Vorhandensein ausführlicher Informationen über die Prozessschritte und Kostenfaktoren folgen.

5.2 Ökonomischer Vergleich zwischen Abfällen und nachwachsenden Rohstoffen

Zuckerrübe und Weizen sind die am häufigsten verwendeten Rohstoffe der deutschen Ethanolproduktion. Die deutsche Zuckerindustrie entwickelte sich zu einem führenden Ethanolhersteller in Deutschland, entscheidende Gründe waren die jährliche Überproduktion an Zucker und der niedrige Marktpreis von Zucker in den vergangenen Jahren seit 2005.

Ein Drittel des im Jahre 2010 produzierten Ethanols wurde aus ca. 630.000 t Zuckerrüben und deren Melasse gewonnen (Zuckerverband, 2012). Nach der Erntephase stehen keine Zuckerrüben zur Verfügung, stattdessen wird Weizen eingesetzt. Die größte AEA (Annex-Ethanol-Anlage) Europas mit einer Kapazität von 360000 m³/a befindet sich in Deutschland und wird von der CropsEngenerin AG betrieben. Die sogenannten AEA sind Multi-Feedstock-Anlagen, die auf verschiedene stärkehaltige Rohstoffe für die Ethanolproduktion zurückgreifen können. Für den Vergleich des Abfallstoffes mit den nachwachsenden Rohstoffen wird angenommen, dass die AEA eine Kapazität von 400 Mio. l Bioethanol besitzt. Während der Zuckerrüben-Kampagnendauer von 100 Tagen wird Zuckerrübenrohsaft verwendet und außerhalb dieses Zeitraums an 250 Tagen dient Weizen als Rohstoff.

Es werden soweit möglich die Berechnung von Henniges, Putensen und Schmitz mit dem aktuellen Kenntnisstand abgeglichen (Henniges 2007: 47) Die maximale Größe der MMEA (Molkenmelasse-Ethanol-Anlage) ist auf 10 Mio. l begrenzt, dennoch werden die Herstellungskosten der unterschiedlichen Anlagenkapazität verglichen, um das realistische wirtschaftliche Potenzial der Molkenmelasse zu unterstreichen.

5.2.1 Ethanolherstellungskosten

Die Brutto-Produktionskosten der beiden Anlagen unterscheiden sich, wie in Tab. 6 zu sehen, um mehr als 230 €/m³, bei der MMEA sind es 444 €/m³ und bei der AEA 673 €/m³.

Tabelle 6: Produktionskostenvergleich

Rohstoff		**Molkenmelasse**		**Weizen & Zuckerrüben**	
Kapazität [m³/a]		**10000**		**400000**	
Kostenposition		[EUR/m³]	[%]	[EUR/m³]	[%]
	Gebäude*	22,47	5,1	5,60	0,8
Investitionen	Maschinen**	145,05	32,6	36,13	5,3
	Gesamt	167,51	37,7	41,73	6,1
Nebenkosten***		6,70	1,5	1,67	0,2
Personal		83,00	18,7	10,35	1,5
Rohstoff		0,00	0,0	471,43	69,2
Betriebsmittel		187,37	42,1	155,81	22,9
Brutto-Produktionskosten		444,58	100,0	680,99	100,0
Minus- Nebenprodukterlös		-166,14	-37,4	-394,30	-57,9
Netto-Produktionskosten		**278,44**	**62,6**	**286,69**	**42,1**

*Nutzungsdauer 20 Jahre, Zinssatz 5 %

**Nutzungsdauer 10 Jahre, Zinssatz 5 %

***1 % Versicherungskosten, 2 % Reparaturkosten und 1 % sonstige Kosten der jährlichen Investitionssumme (vgl. Henniges, 2007: 50ff)

Quelle: Veränderte Darstellung (Erläuterung Anhang 2, Tabelle 6)

Somit wäre die MMEA genauso wie die AEA ohne den Erlös durch die Koppelprodukte nicht imstande, unter dem Marktpreis von 406 €/m³ Bioethanol zu produzieren.

Anhand der Tabelle 6 soll in den folgenden Kapiteln näher auf die einzelnen Kostenpositionen eingegangen werden und die ökomischen Vor- und Nachteile der Abfallstoffe am Beispiel der Molkenmelasse betrachtet werden.

5.2.2 Vergleich Brutto-Produktionskosten

Die Investitionssumme belastet die Produktionskosten der beiden Anlagen unterschiedlich hoch. An Tabelle 6 ist zusehen, dass die Investitionskosten bei der MMEA mit 167,51 €/m³ mehr als das Vierfache höher liegen als bei der Annexanlage. Ein Nachteil der meisten Abfallstoffe ist, dass sie möglichst am Ort ihres Entstehens weiterverarbeitet werden müssen, ansonsten würden sie durch einen teuren Transport nicht kostengünstig zur Verfügung stehen und ein weiterer Grund ist der geringe Anteil an verwertbaren Substraten. Hierdurch können Kapazitäten nur begrenzt erhöht werden und positive Skaleneffekte, wie bei den nachwachsenden Rohstoffen, bleiben aus.

Die Personalkosten fallen in der MMEA deutlich höher aus als im Vergleich zur Annexanlage. Die Begründung liegt in der geringen Kapazität mit einer gleichzeitigen Mindestanzahl an Arbeitskräften. Das Personal kann nicht im gleichen Verhältnis verringert werden wie die Produktionskapazität. Dies ist ein wesentlicher ökonomischer Nachteil von Abfallstoffen, die zentral nur in geringen Mengen anfallen. Der Anteil der Personalkosten kann auf mehr als 40 % der Gesamtherstellungskosten ansteigen und die Produktion wäre dann unwirtschaftlich, wie in Tabelle 5 zu sehen.

Die berechneten Betriebsmittelkosten sind bei der MMEA um ca. 40 €/m³ höher als bei der sehr viel größeren Annexanlage mit ihrer um das Vierzigfache höheren Kapazität. Jedoch sind die berechneten Betriebsmittelkosten für die MMEA wegen dürftiger Informationen von vornherein sehr hoch angesetzt worden, sodass die Vorteile, die durch die Synergie zwischen MMEA und Molkerei entstehen, sich nicht in den Betriebsmittelkosten wiederfinden. Den relativ geringen Bedarf an thermischer und elektrischer Energie kann die benachbarte Molkerei durch thermische Energie-Rückkopplungssysteme sowie durch die elektrische Energie durch BHKW der MMEA zur Verfügung stellen. Hier erweist sich die geringere Kapazität der MMEA als Vorteil.

Der entscheidende Vorteil der MMEA gegenüber der Annexanlage sind die kaum vorhandenen Rohstoffkosten und die in etwa gleich hohen Nebenerlöse durch Koppelprodukte. Die Rohstoffkosten der Annexanlage (Rohstoffkosten der AEA in Anhang 2, E1) beanspruchen 70 % der Gesamtherstellungskosten (siehe Tabelle 6) und sind mit ca. 471 €/m³ höher als die gesamten Brutto-Produktionskosten der MMEA Anlage.

5.2.3 Vergleich Netto-Produktionskosten

Die Nettoproduktionskosten (siehe Tabelle 6) der beiden sehr unterschiedlichen Ethanolanlagen zeigen einen geringen Unterschied. Hier beweist sich der entscheidende wirtschaftliche Einfluss der Koppelprodukte beim Endresultat der Herstellungskosten. Die Erlöse aus den Koppelprodukten reduzieren die Gesamtkosten der AEA um fast 59 % und ermöglichen überhaupt eine ökonomisch sinnvolle Ethanolproduktion.

Die bei der Fermentation anfallende Schlempe aus Abfallprodukten wird durch die Biomasse der eingesetzten Hefe mit einem höheren Proteinanteil aufgewertet. Dadurch wäre die auf 30 % Trockenmasse konzentrierte Schlempe vergleichbar mit anderen flüssigen Futtermitteln, bei ausreichender Akzeptanz und Nachfrage könnten höhere Erlöse als ca. 166 €/m³ (Tab. 6) flüssiges Futtermittel, wie z. B. für ProtiWanze, erreicht werden. Dies trifft auf alle Abfallstoffe zu, die als Futtermittel zugelassen werden würden. Ein weiteres lukratives Koppelprodukt stellt das bei der Fermentation entstehende CO_2 da. Es kann gesammelt werden und in der Lebensmittelindustrie eingesetzt werden. Die Annexanlage erzeugt aus aufgesammeltem und verflüssigtem CO_2, der für die Lebensmittelbranche gedacht ist, einen Erlös von 250 €/m³ Ethanol. Die betrachtete MMEA verfügt ebenso über einen KVA (Kohlenstoffdioxid-Verflüssigungs-Anlage), das CO_2 wird z. B. Vorort zur Kühlung von Lebensmittel eingesetzt, somit mindert die Molkerei die Ausgaben für Betriebsmittel. Es war jedoch nicht bekannt, wie viel von dem theoretisch erzeugten Kohlenstoffdioxid gesammelt wird und dass die Investitionskosten der KVA in den 20 Mio. € Investitionskosten der MMEA enthalten sind.

Gleichung und Rechnung 20: Erlös aus Kohlenstoffdioxid

$$E_{CO2} = \frac{p_{CO2} \times m_{CO2}}{J} = \frac{1000 \times 100000}{400000} = 250\ €/m^3$$

E_{CO2} = Erlös aus Kohlenstoffdioxid [€/m³]

J = jährliche Ethanol-Produktionskapazität der Anlage [m³]

p_{CO2} = unterstellter Preis für CO_2 je t für den Lebensmittelbereich = 1000 €/t

m_{CO2} = anfallende jährliche CO_2 -Menge in t/a (vgl. cropenergies, 2011) = 100000 t/a

6 Schlussfolgerung

Die Nachfrage nach Bioethanol in Deutschland wächst, und obwohl die Produktionskapazitäten in den letzten Jahren rasant wuchsen, verfestigt sich Deutschlands Position als Importeur. Vertretbare Produktionssteigerungen wären durch landwirtschaftliche Erzeugnisse im Inland und durch Importe möglich, trotz steigender Preise für nachwachsende Rohstoffe. Es ist aus moralischer und ethischer Sicht bedenklich, Grundnahrungsmittel gegen Biokraftstoff auszutauschen. Aus diesem Grund wäre der Einsatz von Abfall- und Reststoffen, die nicht für den menschlichen Verzehr geeignet sind, eine moralisch vertretbare Entscheidung. Die technischen und biologischen Möglichkeiten, um aus bestimmten biogenen Abfallstoffen Ethanol zu gewinnen, bestehen bereits heute. Die Forschung bemüht sich um eine effektive und kostengünstige Verwertung von unterschiedlichen Inhaltstoffen, wie die der Cellulose. Dadurch werden bestehende Verfahren effektiver, aber gleichzeitig ergibt sich daraus eine wirtschaftliche Verwertung weiterer Rest- und Abfallstoffe. Das Aufkommen an biogenen Rest- und Abfallstoffen ist in Deutschland trotz vielfacher Verwertungsmöglichkeiten ausreichend. Die einzige existierende Ethanolanlage Deutschlands, die ausschließlich Molkenmelasse verwertet, erzeugte mit 10 Mio. l Bioethanol jährlich weniger als 1 % der gesamten jährlichen Ethanolproduktion im Jahre 2010 (siehe Kapitel 2.1.2). Dies mag wenig erscheinen, aber unter Beachtung des gesamten Aufkommens biogener Abfallstoffe sollte das Potenzial der möglichen Jahresproduktionen aus Abfallstoffen ernsthaft in Betracht gezogen werden. Der mögliche ökonomisch sinnvolle Einsatz von Industrieabfällen in der deutschen Ethanolproduktion wurde zumindest am Beispiel der Molkenmelasse aufgezeigt. Es zeigte sich, dass die Bioethanolproduktion aus Abfallstoffen trotz Nachteile gegenüber Anlagen, die landwirtschaftliche Erzeugnisse verwenden, mit weitaus größeren Kapazitäten, wirtschaftlich gesehen durchaus konkurrieren können. Der Nachteil eines scheinbar minderwertigen Abfallstoffes kann zum Vorteil werden, wenn dieser am Ort des Entstehens verwertet wird. Daraus resultieren keine oder nur minimale Rohstoffkosten, wodurch die berechneten Produktionskosten weit unter den der Annexanlagen waren. Auch kleinere Kapazitäten als 10 Mio. l Ethanol sind durch die praktisch kostenlosen Rohstoffe möglich, da sie die höheren Investitions- und Personalkosten ausgleichen. Selbst ohne den Erlös aus Koppelprodukten lag der Produktionspreis der MMEA weit unter dem Ethanolpreis des letzten Jahres. Bei ähnlich hohen Ethanolpreisen könnte sogar auf Subventionen für die Investitionen verzichtet werden, oder Anlagen mit höherem Investitionsaufwand errichtet werden. Der praktisch kostenlose zentral anfallende Abfallstoff ermöglicht viele denkbare Szenarien, die auch kommerziell erfolgreich wären. Weitere Untersuchungen und Anstrengung zur Verwirklichung einer umfangreichen Bioethanolherstellung aus Abfallstoffen wären dienlich und erstrebenswert.

Literaturverzeichnis

Bücher

Brysch, S. (2008): Biogene Kraftstoffe in Deutschland. Biodiesel, Bioethanol, Pflanzenöl und Biomasse-to-Liquid im Vergleich, Diplomica Verlag GmbH, Hamburg

Henniges, O. (2007): Die Bioethanolproduktion, 2. Auflage, Eul Verlag, Troisdorf

Kaltschmitt, M.; Hartmann, H.; Hofbauer, H. (Hrsg.) (2009): Energie aus Biomasse, 2., neu bearb. u. erw. Auflage, Springer Verlag, Berlin

Kastenhuber, M. (2007): Bioethanol – Kraftstoff der Zukunft? Ganzheitliche Analyse und empirische Erhebung über die Zukunftschancen des Kraftstoffs Bioethanol, Diplomica Verlag GmbH, Hamburg

Putensen, C.J. (2005): Ökonomische Bewertung der Ethanolherstellung in Deutschland, Mensch & Buch Verlag, Berlin

Renger, P. (2010): Biomasse als grundlastfähige erneuerbare Energie – Wirtschaftlichkeit und Marktentwicklung, Diplomica Verlag GmbH, Hamburg

Schmitz, N. (2003): Bioethanol in Deutschland, Fachagentur Nachwachsende Rohstoffe e.V., Gülzow

Internetquellen

Aretz A., Hirschl B. (2007): Biomassepotenziale in Deutschland – Übersicht maßgeblicher Studienergebnisse und Gegenüberstellung der Methoden, Dendrom-Diskussionspapier Nr.1 März 2007, Internet: http://www.nachhaltige-waldwirtschaft.de/fileadmin/Dokumente/Infos_Verbuende/Diskussionspapier_Potenzialanalyse_IOEW.pdf entnommen: 13.07.2012

BDBe (Bundesverband der deutschen Bioethanolwirtschaft e.V.) (2012): Bioethanol-Report 2011 / 2012, Marktdaten, Internet: www.bdbe.de/index.php/download_file/view/265/96/ entnommen: 20.07.2012

Becker J. (2003): Konstruktion und Charakterisierung eines L-Arabinose fermentierenden *Saccharomyces cerevisiae* Hefestammes, Dissertation, Heinrich-Heine-Universität Düsseldorf, Internet: http://cgi.server.uni-frankfurt.de/fb15/boles/images/dokbecker.pdf entnommen: 22.08.2012

Becker A., (2011): Impacts of European biofuel policies on global biofuel and agricultural markets, Dissertation, Bonn, Internet: http://hss.ulb.uni-bonn.de/2011/2650/2650.pdf entnommen: 22.08.2012

Benecke C. (2011): Nachhaltige Verwertung von Wertstoffströmen: Gewinnung von Ethanol aus einem Reststoff der Molkeverarbeitung, Dissertation, Hannover, Internet: https://portal.dnb.de/resolver.htm?referrerResultId=idn%3D1017461376%26any&referrerPosition=0&identifier=1017986827 entnommen: 20.07.2012

BMBF (Bundesministerium für Bildung und Forschung) (2010): Cyanobakterien als Treibstoff-Fabriken, Internet: http://www.biotechnologie.de/BIO/Navigation/DE/Foerderung/foerderbeispiele,did=113142.html entnommen: 07.07.2012

Bley T. (2009): acatech DISKUTIERT, BIOTECHNOLOGISCHE ENERGIEUMWANDLUNG - Gegenwärtige Situation, Chancen und Künftiger Forschungsbedarf, München, Internet: http://www.acatech.de/de/publikationen/berichte-und-dokumentationen/acatech/detail/artikel/biotechnologische-energieumwandlung-gegenwaertige-situation-chancen-und-kuenftiger-forschungsbeda.html

entnommen: 27.06.2012

BMELV (Bundesministeriums für Ernährung, Landwirtschaft und Verbraucherschutz) (2008): Jährliche Erzeugung und Verwendung von Milch (alle Milcharten) in den milchwirtschaftlichen Unternehmen, SBT-0102050-2008, Internet: http://www.bmelv-statistik.de/index.php?id=139&stw=Molkerei

entnommen: 11.07.2012

BMELV (Bundesministeriums für Ernährung, Landwirtschaft und Verbraucherschutz) (2006): Die Unternehmensstruktur der Molkereiwirtschaft in Deutschland, SBB-9202006-2006, Internet: http://www.bmelv-statistik.de/index.php?id=139&stw=Molkerei

entnommen: 27.07.2012

BMU (Bundesministerium für Umwelt, Naturschutz und Reaktorsicherheit) (2012): Die Energiewende Zukunft made in Germany, Berlin, Internet: http://www.bmu.de/energiewende/downloads/publ/47912.php entnommen: 01.08.2012

boerderij (2011): Preis für CDS, Internet: http://www.boerderij.nl/Home/Achtergrond/2011/12/Kaas--en-voerwei-en-tarwegistconcentraat-Protiwanze-duurder-AGD577814W/ entnommen: 22.08.2012

Boles E., Brat D., Keller M., Wiedemann B. (2008): Prokaryotische Xylose-Isomerase zur Konstruktion Xylose-vergärender Hefen, Patent, Frankfurt, Internet: http://www.patent-de.com/20110210/DE102008031350B4.html entnommen: 22.08.2012

Börse (2012): Kraftstoffpreis von Superbenzin, Internet: http://www.finanzen.net/rohstoffe/Super-Benzinpreis entnommen: 07.08.2012

C.A.R.M.E.N (2012): Centrales Agrar-Rohstoff-Marketing- und Entwicklungs-Netzwerk, Internet: http://www.carmen-ev.de/dt/energie/beispielprojekte/biotreibstoffe/netzwerk/umruesten.html

entnommen: 12.07.2012

C.A.R.M.E.N (2012a): Centrales Agrar-Rohstoff-Marketing- und Entwicklungs-Netzwerk, Internet: http://www.carmen-ev.de/dt/energie/beispielprojekte/biotreibstoffe/ethanol/preis/index.htm

entnommen: 02.08.2012

cropenergies (2011): Broschüren CE Zeitz 2011 Flyer, Internet: http://www.cropenergies.com/de/Downloads/Broschueren/CE_Zeitz_2011_Flyer.pdf entnommen: 01.08.2012

FAPRI (Food and Agricultural Policy Research Institute) (2011): World Biofuels: FAPRI-ISU 2011 Agricultural Outlook / 117, Internet: http://www.fapri.iastate.edu/outlook/2011/tables/5_biofuels.pdf entnommen: 23.08.2012

FNR (Fachagentur Nachwachsende Rohstoffe e. V.) (2011): Basisdaten Bioenergie Deutschland 2011, Internet: http://www.google.de/url?sa=t&rct=j&q=&esrc=s&source=web&cd=1&ved=0CGYQFjAA&url=http%3A%2F%2Fwww.biogasrat.de%2Findex.php%3Foption%3Dcom_docman%26task%3Ddoc_download%26gid%3D218%26Itemid%3D87&ei=GwohUNSCFYf4sgb67oGABw&usg=AFQjCNFqz3xamjpmjvxpywqUig9MKQz87g&sig2=LLhGvwLZqOGacngOpQDIcg

entnommen: 29.06.2012

FNR (Fachagentur Nachwachsende Rohstoffe e. V.) (2012): Roadmap Bioraffinerien, Internet: http://www.bmelv.de/SharedDocs/Downloads/Broschueren/RoadmapBioraffinerien.pdf?__blob=publicationFile entnommen: 05.07.2012

Hermeling C., Wölfing N., (2011): Energiepolitische Aspekte der Bioenergienutzung: Nutzungskonkurrenz, Klimaschutz, politische Förderung, Endbericht 2011, ZEW, Mannheim, Internet: http://www.bmwi.de/BMWi/Redaktion/PDF/Publikationen/Studien/energiepolitische-aspekte-bioenergienutzung-zusammenfassung,property=pdf,bereich=bmwi2012,sprache=de,rwb=true.pdf

entnommen: 12.07.2012

Ice-Köln (1998): Schalen in Kakaoprodukten, SÜSSWAREN (1998) Heft 7-8, Lebensmittelchemisches Institut des Bundesverbandes der Deutschen Süsswarenindustrie e.V., Internet: http://www.lci-koeln.de/deutsch/veroeffentlichungen/lci-focus/schalen-in-kakaoprodukten entnommen: 11.07.2012

Klepper R. (2011): Energie in der Nahrungsmittelkette, Arbeitsberichte aus der vTI-Agrarökonomie 06/2011, Braunschweig Internet: http://literatur.vti.bund.de/digbib_extern/dn048963.pdf entnommen: 28.07.2012

Krackler V., Keunecke D., Niemz P. (2010): ETH Verarbeitung und Verwendungsmöglichkeiten von Laubholz und Laubholzresten, Internet: http://e-collection.library.ethz.ch/eserv/eth:1557/eth-1557-01.pdf entnommen: 18.07.2012

Laternser P. (2007): Rohstoffnutzung auf Umwegen, Lebensmittel-Industrie Nr.1/2 2007, Internet: http://www.google.de/url?sa=t&rct=j&q=&esrc=s&source=web&cd=1&ved=0CC0QFjAA&url=http%3A%2F%2Fwww.etha-plus.ch%2Ffileadmin%2Ftemplates%2Fmain%2Fpdf%2Fargus%2F2007_Lebensmitel-Industrie_Interview_Borregaard.pdf&ei=3a8iUO_oEI3HsgbJ4YHABw&usg=AFQjCNHRRQLWYqMTNM3VcU99dZYstoDmng&sig2=WNR_-rDdsvyRj9vuvbioJw

entnommen: 21.07.2012

Luguel C. (2011): Star-COLIBRI, Joint European Biorefinery Vision for 2030, Internet: http://www.star-colibri.eu/files/files/vision-web.pdf entnommen: 14.07.2012

Mahro B., Timm M., Henrichs R., (2008): Möglichkeiten der Nutzung von biogenen Reststoffen der Lebensmittelindustrie als Biomasse-Ressource - Kakaoschalen aus der Schokoladenproduktion -, Institut für Umwelt- und Biotechnik, Hochschule Bremen, Internet: http://events.dechema.de/events_media/Downloads/Feisst/Bioraffinerie/Mahro.pdf

entnommen: 11.07.2012

Maierhofer (C.A.R.M.E.N) (2011): Mehrverbrauch mit Bio-Ethanol (E85), Internet: http://www.carmen-ev.de/dt/energie/beispielprojekte/biotreibstoffe/netzwerk/downloads/mehrverbrauch_e85.pdf

entnommen: 11.07.2012

Müller (Molkerei Alois Müller GmbH & Co. KG) (2006): Molkerei Alois Müller GmbH & Co. KG, EUROPÄISCHE PATENTSCHRIFT, Verfahren zur Herstellung von Ethanol aus Molke Internet: https://data.epo.org/publication-server/getpdf.jsp?pn=1918381&ki=B1&cc=EP entnommen: 26.07.2012

Müller (2012): Molkerei Alois Müller GmbH & Co. KG, Internet:

http://www.muellergroup.com/richtfest_bio_sprit_anlage.0.html entnommen am 22.07.2012

entnommen: 11.07.2012

Neumann K. (2011): Deutsches Biomasse Forschungszentrum, Marktentwicklung im Biokraftstoffsektor, Internet: http://www.energetische-biomassenutzung.de/fileadmin/user_upload/Downloads/Workshops/03KB008_Biokraftstoffmonitoring/Berlin_2011-11-10_Naumann.pdf entnommen: 23.07.12

Oilgae (2012): Ethanol from Algae, Internet: http://www.oilgae.com/algae/pro/eth/eth.html

entnommen: 09.07.2012

REN21 (2011): Renewables 2011, GLOBAL STATUS REPORT, Frankreich

Internet: http://www.ren21.net/Portals/97/documents/GSR/REN21_GSR2011.pdf

entnommen: 17.07.2012

Rohstoffbörse (2012): Ethanolpreis auf dem U.S. Markt ab New York City, Internet: http://www.finanztreff.de/kurse_einzelkurs_charts.htn?i=15083984&zeit=10000

entnommen: 02.08.2012

Schalow S. (2009): Untersuchungen zum enzymatisch-physikalischen Aufschluss von Apfeltrester, Dissertation, Prozesswissenschaften der Technischen Universität Berlin, Internet: http://opus.kobv.de/tuberlin/volltexte/2009/2139/pdf/schalow_sebastian.pdf

entnommen: 11.07.2012

Statistisches Bundesamt, (2009): Energie und DL der Energieversorgung, Internet: https://www.destatis.de/DE/ZahlenFakten/GesamtwirtschaftUmwelt/Umwelt/UmweltoekonomischeGesamtrechnungen/EnergieRohstoffeEmissionen/Tabellen/Co2Emissionen.html?nn=50654 entnommen: 10.07.2012

Statistisches Bundesamt, (2010): Abfallentsorgung, Internet: https://www.destatis.de/DE/ZahlenFakten/GesamtwirtschaftUmwelt/Umwelt/UmweltstatistischeErhebungen/Abfallwirtschaft/Tabellen/Ergebnisbericht_Abfallentsorgung_2010.pdf?__blob=publicationFile entnommen: 26.06.2012

Statistisches Bundesamt, (2012): Preise, Preise und Preisindizes für gewerbliche Produkte (Erzeugerpreise) - Vorbericht zu Preisen ausgewählter Mineralölerzeugnisse -, Internet: https://www.destatis.de/DE/Publikationen/Thematisch/Preise/Erzeugerpreise/Vorbericht/ErzeugerpreiseVorbericht2170200122074.pdf?__blob=publicationFile entnommen: 26.08.2012

USDE (U.S. Department of Energy) (2010): Biomass Project Fact Sheet: Integrated Pilot-Scale Biorefinery for Producing Ethanol from Hybrid Algae, Internet: http://www1.eere.energy.gov/biomass/pdfs/ibr_arra_algenol.pdf entnommen: 11.07.2012

Weyerstrass K., Jaenicke J., Schönpflug K., (2008): Künftige Entwicklungen der Energiepreise, IHS, Wien, Internet: http://www.uni-erfurt.de/fileadmin/user-docs/Juniorprofessur_Oekonometrie/Energiepreise.pdf entnommen: 22.08.2012

Zuckerverband (2012): Internet: http://www.zuckerverbaende.de/ruebe-zucker/bioethanol.html entnommen: 13.07.2012

Sonstige Quellen

BGBI (Bundes-Immissionsschutzgesetzes). I, (2006): Gesetz zur Einführung einer Biokraftstoffquote durch Änderung des Bundes-Immissionsschutzgesetzes und zur Änderung energie- und stromsteuerrechtlicher Vorschriften (Biokraftstoffquotengesetz – BioKraftQuG)1)2), Seite 3185, Bundesgesetzblatt Jahrgang 2006 Teil I Nr. 62, ausgegeben zu Bonn am 21. Dezember 2006

BGBI (Bundes-Immissionsschutzgesetzes). I, (2009): Gesetz zur Änderung der Förderung von Biokraftstroffen vom 15. Juli 2009, Seite 1804, Bundesgesetzblatt Jahrgang 2009 Teil 1. Nr.41, ausgegeben zu Bonn am 20. Juli 2009

Anhang 1

Gleichungen:

Gleichung 1: globaler Ethanolpreis in Euro / 1000 Liter

$$p_E\ (p_B) = \frac{p_B}{d \times w}$$

p_E	=	Ethanolpreis [€/m³]
p_B	=	globaler Ethanolpreis [USD/gal.]
d	=	Umrechnungsfaktor [gal./m³] = 0,003785
w	=	Wechselkurs 1,30 USD/EUR

Gleichung 3: Erzeugte Menge Ethanol aus Molkenmelasse

$$m_E(m_M) = \frac{m_M \times u}{d}$$

m_E	=	erzeugte Ethanol Menge [Liter]
m_M	=	Molkenmelasse Menge [kg]
u	=	ideale Umsetzung von Laktose zu Ethanol (0,538 kg Ethanol/ 1 kg Laktose) (vgl. Benecke, 2011: 20) = 0,538 kg
d	=	Umrechnungsfaktor [kg/l], Dichte von Ethanol bei 20° (0,79 kg/l) = 0,79 kg/l

Gleichung 4: Erzeugte Menge Ethanol aus Kakaobohnenschalen

$$m_E(m_K) = \frac{(m_K \times a_Z \times u_Z) + (m_K \times a_S \times u_S) + (m_K \times a_c \times u_C)}{d}$$

m_E	=	erzeugte Ethanol Menge [Liter]
m_K	=	Kakaoschalenmasse Menge [kg]
u_Z	=	Umsetzungsfaktor verschiedener Zucker zu Ethanol unterstellt (0,4 kg Ethanol/ 1 kg v. Zucker) = 0,4 kg
a_Z	=	Zuckeranteil an Kakaobohnenschale [%]
u_S	=	Umsetzungsfaktor von Stärke zu Ethanol (0,506 kg Ethanol/ 1 kg Stärke) (vgl. Kaltschmitt, 2009: 807) = 0,506 kg
a_S	=	Stärkeanteil an Kakaobohnenschale [%]
u_C	=	Umsetzungsfaktor von Cellulose zu Ethanol (0,306 kg Ethanol/ 1 kg Cellulose) (vgl. Kaltschmitt, 2009: 843) = 0,306 kg Es wird unterstellt, dass 60 % der Cellulose zu Glucose umgesetzt wird.
a_C	=	Celluloseanteil an Kakaobohnenschale [%]
d	=	Umrechnungsfaktor [kg/l], Dichte von Ethanol bei 20° (0,79 kg/l) = 0,79 kg/l

Gleichung 5: Erzeugte Menge Ethanol aus entpektinisierten Apfeltrester

$$m_E(m_K) = \frac{(m_A a_S u_S) + (m_A a_A u_A) + (m_A a_X u_X) + (m_A a_G u_G) + (m_A a_F u_F) + (m_A a_C u_C)}{d}$$

m_E	=	erzeugte Ethanol Menge [Liter]
m_A	=	entpektinisierten Apfeltrester Menge [kg]
u_S	=	Umsetzungsfaktor von Stärke zu Ethanol (0,506 kg Ethanol/ 1 kg Stärke) (vgl. Kaltschmitt, 2009: 807) = 0,506 kg
a_S	=	Stärkeanteil an entpektinisierten Apfeltrester [%]
u_A	=	Umsetzungsfaktor Arabinose zu Ethanol (0,3 kg Ethanol/ 1 kg Arabinose) (vgl. Becker, 2003: 89) = 0,3 kg Es wird unterstellt, dass 60 % der Arabinose zu Ethanol umgesetzt wird.
a_A	=	Arabinoseanteil an entpektinisierten Apfeltrester [%]
u_X	=	Umsetzungsfaktor Xylose zu Ethanol (0,3 kg Ethanol/ 1 kg Xylose) (vgl. Boles, 2008) = 0,3 kg Es wird unterstellt, dass 60 % der Xylose zu Ethanol umgesetzt wird.
a_X	=	Xyloseanteil an entpektinisierten Apfeltrester [%]
u_G	=	Umsetzungsfaktor Glucose zu Ethanol (0,511 kg Ethanol/1 kg Glucose) = 0,511 kg
a_G	=	Glucoseanteil an entpektinisierten Apfeltrester [%]
u_F	=	Umsetzungsfaktor Fructose zu Ethanol (0,511 kg Ethanol/1 kg Fructose) = 0,4 kg
a_F	=	Fructoseanteil an entpektinisierten Apfeltrester [%]
u_C	=	Umsetzungsfaktor von Cellulose zu Ethanol (0,306 kg Ethanol/ 1 kg Cellulose) (vgl. Kaltschmitt, 2009: 843) = 0,306 kg Es wird unterstellt, dass 60 % der Cellulose zu Glucose umgesetzt wird.
a_C	=	Celluloseanteil an entpektinisierten Apfeltrester [%]
d	=	Umrechnungsfaktor [kg/l], Dichte von Ethanol bei 20° (0,79 kg/l) = 0,79 kg/l

Gleichung 6: Flächenbedarf für Cyanobakterien

$$f_C\ (m_{CO}) = \frac{m_{CO}}{c_J} \times af_J$$

f_C	=	benötigte Fläche für Cyanobakterien-Ethanolanlage [ha]
m_{CO}	=	Kohlenstoffdioxidmenge [kg]
c_J	=	experimentelle Jahresproduktion Ethanol aus Kohlenstoffdioxid (730 t CO_2 / 100000 gal. Ethanol) (vgl. USDE, 2010) = 7,3 kg/gal.
f_J	=	Flächenbedarf für Ethanolproduktion [gal./acre] (vgl. USDE, 2010) = 000,6 acre/gal.
a	=	Umrechnungsfaktor ([acre/ha]) = 0,404 ha/acre

Gleichung 7: Ethanolproduktion durch Cyanobakterien in Deutschland

$$m_E\ (m_{CO}) = \frac{g \times m_{CO}}{c_J} \times r$$

m_E	=	erzeugte Ethanolmenge durch Cyanobakterien [Liter]
m_{CO}	=	Kohlenstoffdioxidmenge [kg]
c_J	=	experimentelle Jahresproduktion Ethanol aus Kohlenstoffdioxid (730 t CO_2 / 100000 gal. Ethanol) (vgl. USDE, 2010) = 7,3 kg/gal.
g	=	Umrechnungsfaktor ([gal./l]) = 3,785 gal./l
r	=	reduzierte Produktivität durch mangelhafte Sonneneinstrahlung [%] = 0,5

Gleichung 8: erzeugte Ethanolmenge aus restlichen Kohlenhydraten der Algenbiomasse

$$m_E(m_{AK}) = \frac{m_{AK} \times u_C}{d}$$

m_E	=	erzeugte Ethanol Menge [Liter]
m_{AK}	=	Kohlenhydratmenge (Cellulose) aus Algenbiomasse [kg]
u_C	=	Umsetzungsfaktor von Cellulose zu Ethanol (0,306 kg Ethanol/ 1 kg Cellulose) (vgl. Kaltschmitt, 2009: 843) = 0,306 kg Es wird unterstellt, dass 60% der Cellulose zu Glucose umgesetzt wird.
d	=	Umrechnungsfaktor [kg/l], Dichte von Ethanol bei 20° (0,79 kg/l) = 0,79 kg/l

$$m_{AK}(m_{CO}) = m_{CO} \times e_A \times k_A$$

m_{CO}	=	Kohlenstoffdioxidmenge [kg]
e_A	=	Algenbiomasse aus Kohlenstoffdioxid (2 kg CO2 / 1 kg Algenbiomasse) = 0,5
k_A	=	Kohlenhydratanteil in Algenbiomasse unterstellt 20 % = 0,2

Gleichung 9: Investitionskosten für eine Molkenmelasse-Ethanolanlage

$$k_I(i,k,f,n_G,a_G,n_M,a_M,z) = \frac{i \times f \times a_G \frac{z \times (1+z)^{n_G}}{(1+z)^{n_G}-1} + i \times f \times a_M \frac{z \times (1+z)^{n_M}}{(1+z)^{n_M}-1}}{k}$$

k_I = Investitionskosten für Ethanol [€/m³]

i = Investition [EUR]

k = Kapazität der Jahresproduktion Ethanol [m³/a]

f = Förderung durch Staat 30 % an der Investition [%] = 0,7

n_G = Nutzungsdauer für Gebäude unterstellt 20 Jahre (vgl. Henniges, 2007: 50f) = 20

a_G = Investitionsanteil Gebäude unterstellt 20% [%](vgl. Henniges, 2007: 50f) = 0,2

n_M = Nutzungsdauer für Maschinen unterstellt 20Jahre(vgl. Henniges, 2007: 50f)=20

a_M = Investitionsanteil Maschinen unterstellt 20 % [%] (vgl. Henniges, 2007: 50f) = 0,2

z = Zinssatz unterstellt 5% [%] (vgl. Henniges, 2007: 50f) = 0,05

Gleichung 11: Kondensatmenge bei Schlempentrocknung

$$k(m_V) = \frac{(ds - f_L) \times m_V}{ds_G} - m_V$$

k = Kondensatmenge [Liter]

m_V = um 50 % verdünnte Melassemenge m_M [Liter] = 2 m_M

d = unterstellte Dichte 1kg/l = 1

s = Trockenmasse 10 % Anteil an verdünnter Molkenmelassemenge m_V = 0,10

f_L = Fermentierte Laktose [%] = 0,06

Erläuterung: Die 20 % Trockenmasse der Molkenmelasse besteht aus 12% Laktose, nach der 1:1 Verdünnung sind es nur noch 6 % Laktose und dieser Teil entfällt nach Fermentation, weil die Laktose zu Ethanol und Kohlenstoffdioxid umgesetzt wird.

s_G = gewünschte Schlempentrockenmasse 30 % Anteil an verdünnter Molkenmelassemenge m_V = 0,30

$$m_M(J) = J \times u_L \times v$$

m_M = Melassemenge [Liter]

J = Jahreskapazität Ethanol [Liter]

u_L = Umsatzfaktor Laktose zu Ethanol nach Müller Patent 0,404 Liter Ethanol/ kg Laktose (vgl. Müller, 2006: 2) = 0,404

v = Verhältnis von Laktose zu Melasse unterstellt 12% Anteil Laktose in 100l Melasse (vgl. Müller, 2006: 2) = 8,33

Gleichung 12: Prozesswasser bei Schlempentrocknung

$w_P = m_M = 206188118$ Liter

w_P = Prozesswasser [Liter]

m_M = Melassemenge [Liter]

Erläuterung zu Gleichung 12: Für eine optimale Gärung der Molkenmelasse ist eine 1:1 Verdünnung sinnvoll (vgl. Benecke 2011, S. 53f), so muss die gleiche Menge an Prozesswasser zu der Menge der Melasse hinzugegeben werden. Eine Senkung der Konzentration auf 40 % ist nicht notwendig, da Benecke von einer 30 % Trockenmasse der Molkenmelasse ausgeht, in dieser Arbeit wird von einer 20 % Trockenmasse der Melasse ausgegangen.

Gleichung 13: Abwasserkosten

$$K_A\,(a_M, J) = \frac{a_M \times g}{J}$$

K_A = Abwasserkosten bezogen auf 1000 Liter Bioethanol [€/m³]

a_M = Abwassermenge [Liter] = $k - w_P$

J = jährliche Produktionskapazität der Anlage [m³]

g = Abwassergebühr [€/m³] unterstellt 0,80 €/m³ = 0,8

k = Kondensatmenge [m³]

w_P = Prozesswasser [m³]

Gleichung 14: Dampfkosten

$$K_D\,(J) = \frac{(J \times m_D \times p_D)}{J}$$

K_D = Dampfkosten bezogen auf 1000 Liter Bioethanol [€/m³]

J = jährliche Produktionskapazität der Anlage [m³]

m_D = benötigte Dampfmenge in Tonnen je m³ Ethanol [t/m³],
3,6 t Dampf/m³Ethanol = 3,6 t/m³
Es wird unterstellt, dass eine ähnliche Menge Dampf wie bei der Zuckerrübenmelasse benötigt wird (vgl. Schmitz, 2003: 100).

p_D = Dampfpreis [€/t], 43,75 €/t Dampf = 43,75 €/t

Nach Schmitz (2003: 103) entstehen ein Dampfpreis von 12,80 €/t Dampf beim Einsatz von schwerem Heizöl mit einem Bezugspreis von 150 €/t. Der durchschnittliche Bezugspreis im Jahre 2011 beläuft sich auf 512,68 €/t (Statistisches Bundesamt, 2012), dies bedeutet ein Dampfpreis von 43,75 €/t Dampf.

Gleichung 15: Stromkosten

$$K_S\ (J) = \frac{(J \times m_S \times p_S)}{J}$$

K_S = Stromkosten bezogen auf 1000 Liter Bioethanol [€/m³]

J = jährliche Produktionskapazität der Anlage [m³]

m_S = benötigte Strommenge in KWh je m³ Ethanol [KWh/m³],

162 KWh/m³Ethanol = 162 KWh/m³

Es wird unterstellt, dass eine ähnliche Menge Strom wie bei der Zuckerrübenmelasse benötigt wird (vgl. Schmitz, 2003: 100).

p_S = Strompreis [€/t], 0,10 €/KWh = 0,10 €/KWh

Gleichung 16: entstehende Menge an CDS bei Einsatz von Molkenmelasse

$$m_C\ (J) = (\frac{2 \times J \times u_L \times v \times (s - f_L)}{s_G} - m_V) + m_V$$

m_C = erzeugte CDS-Menge [Liter]

J = Jahreskapazität Ethanol [Liter]

u_L = Umsatzfaktor Laktose zu Ethanol nach Müller Patent

0,404 l Ethanol/ kg Laktose (vgl. Müller, 2006: 2) = 0,404

v = Verhältnis von Laktose zu Melasse unterstellt 12% Anteil Laktose in 100l Melasse (vgl. Müller, 2006: 2) = 8,33

m_V = um 50 % verdünnte Melassemenge m_M [Liter] = 2 m_M = $2 \times J \times u_L \times v$

Berechnung m_M siehe Gleichung 11.

s = Trockenmasse 10 % Anteil an verdünnter Molkenmelassemenge m_V = 0,10

Erläuterung siehe Gleichung 11

f_L = Fermentierte Laktose [%] = 0,06

Erläuterung siehe Gleichung 11

s_G = gewünschte Schlempentrockenmasse 30 % Anteil an verdünnter Molkenmelassemenge m_V = 0,30

Gleichung 17: Erlös aus CDS

$$E_C(J) = ((\frac{2 \times J \times u_L \times v \times (s - f_L)}{s_G} - m_V) + m_V) \times p_C$$

E_C = Erlös aus DGS bezogen auf ein Jahr [€/a]

J = jährliche Produktionskapazität der Anlage [m³/a]

$m_C(J) =$ $(\frac{2 \times J \times u_L \times v \times (s - f_L)}{s_G} - m_V) + m_V$ = erzeugte CDS-Menge [m³] (siehe Gleichung 16)

p_C = 1 € je % Trockensubtanz in m³ CDS (CDS 30 % Trockenmasse) = 30 €/m³

Gleichung 21: Investitionskosten für eine Annex-Ethanolanlage

$$k_I(i,k,f,n_G,a_G,n_M,a_M,z) = \frac{i \times f \times a_G \frac{z \times (1+z)^{n_G}}{(1+z)^{n_G} - 1} + i \times f \times a_M \frac{z \times (1+z)^{n_M}}{(1+z)^{n_M} - 1}}{k}$$

k_I = Investitionskosten für Ethanol [€/m³]

i = Investition [EUR]

k = Kapazität der Jahresproduktion Ethanol [m³/a]

f = Förderung durch Staat 30 % an der Investition [%] = 0,7

n_G = Nutzungsdauer für Gebäude unterstellt 20 Jahre (vgl. Henniges, 2007: 50f) = 20

a_G = Investitionsanteil Gebäude unterstellt 20 % [%] (vgl. Henniges, 2007: 50f) = 0,2

n_M = Nutzungsdauer für Maschinen unterstellt 20 Jahre (vgl. Henniges, 2007: 50f)= 20

a_M = Investitionsanteil Maschinen unterstellt 20 % [%] (vgl. Henniges, 2007: 50f) = 0,2

z = Zinssatz unterstellt 5% [%] (vgl. Henniges, 2007: 50f) = 0,05

Anhang 2

Tabelle 6: Produktionskostenvergleich

Rohstoff		**Molkenmelasse**		**Weizen & Zuckerrüben**	
Kapazität [m³/a]		**10000**		**400000**	
Kostenposition		[EUR/m³]	[%]	[EUR/m³]	[%]
	Gebäude*	22,47	5,1	5,60	0,8
Investitionen	Maschinen**	145,05	32,6	36,13	5,3
	Gesamt	167,51	37,7	41,73 [1]	6,1
Nebenkosten***		6,70	1,5	1,67 [2]	0,2
Personal		83,00	18,7	10,35 [3]	1,5
Rohstoff		0,00	0,0	471,43 [4]	69,2
Betriebsmittel		187,37	42,1	155,81 [5]	22,9
Brutto-Produktionskosten		444,58	100,0	680,99	100,0
Minus Nebenproduktertös		-166,14	-37,4	-394,30 [6]	-57,9
Netto-Produktionskosten		**278,44**	**62,6**	**286,69**	**42,1**

*Nutzungsdauer 20 Jahre, Zinssatz 5%
**Nutzungsdauer 10 Jahre, Zinssatz 5%
***1% Versicherungskosten, 2% Reparaturkosten und 1% sonstige Kosten der jährlich Investitionssumme (vgl. Henniges, 2007: 50f)

1. Nach Gleichung 21, Anhang 2, i = 185 Mio. Euro, k = 400 Mio. Liter
2. für die Nebenkosten werden 4% der Investitionskosten unterstellt (vgl. Henniges, 2007: 51f) = 41,73 x 0,04 = **1,67**
3. Tabelle 7d, Kapazität 400 Mio. Liter Bioethanol
4. Die Berechnung der Zuckerrüben-Produktionskosten geschieht durch die Datensammlung des Kuratoriums für Technik und Bauwesen in der Landwirtschaft mit Unterstützung des eigenen Kostenrechners für Energiepflanzen. Ausgehend von einer Schlaggröße von 10 ha und einem mittleren Ertragsniveau, sowie unter der Annahme von Faktorkosten für Kapital, Arbeit und Boden, die einen Zinssatz in Höhe von 6 % des Anschaffungspreises, einen Lohnansatz bei 15 €/h und einen Pachtsatz von 422 €. Belaufen sich die Produktionskosten für eine Tonne Zuckerrüben auf 32,28 € (KTBL Kostenrechner 2012). Somit entsprechen die 32,28 €/t Zuckerrüben dem Rohstoffpreis einschließlich Transport bis zur Ethanolanlage. Ausgehend davon, dass auf solch große Mengen ein Rabatt gegeben wird, wird mit einem Rohstoffpreis von 31 €/t gerechnet. Die Rohstoffkosten für Weizen können anhand des aktuellen Marktpreises bestimmt werden, jedoch unterliegen diese erheblichen Schwankungen in drei Jahren seit 2007 bestanden Preise zwischen 120 €/t und 290 €/t. Aktuell (Juli 2012) belaufen sich diese auf ca. 260 €/t, auf Grund der Schwankungen wird ein Preis von 200 €/t Weizen für die Berechnung unterstellt.
5. Tabelle 8b
6. Gleichung und Rechnung 20: Erlös aus Kohlenstoffdioxid = 250 €/m³

Rechnung 22: Rohstoffkosten AEA

$$k_R = \frac{p_W \times b_W}{J} + \frac{p_Z \times b_Z}{J} = \mathbf{471{,}43\ €/m^3}$$

k_R = Rohstoffkosten [€/m³]

J = Jahreskapazität [m³] = 400000 m³

b_W = Bedarf Weizen [t] 765714t (vgl. Henniges, 2007: 267)

b_Z = Bedarf Zuckerrüben [t] 1142857 t (vgl. Henniges, 2007: 267)

p_Z = Preis für Zuckerrüben 31 €/t

p_W = Preis für Weizen 200 €/t

Gleichung und Rechnung 23: Erlös aus ProtiGrain

$$E_P = \frac{p_P \times m_P}{J} = \frac{200 \times 288600}{400000} = 144{,}3\ €/m^3$$

E_P = Erlös aus Kohlenstoffdioxid [€/m³]

J = jährliche Ethanol Produktionskapazität der Anlage [m³] = 400000 m³

p_P = unterstellter Preis für ProtiGrain je Tonne = 200 €/t

m_P = anfallende Menge ProtiGrain (Futtermittel) in t/a (vgl. cropenergies, 2011) = 288600 t

Erlös aus ProtiGrain + Erlös aus Kohlenstoffdioxid = **394,3 €/m³**

Quelle: veränderte Darstellung (vgl. Henniges, 2007: 95)

Tabelle 7a.: Arbeitskräfte für MMEA Kapazität 10 Mio. Liter Bioethanol

Arbeitskräfte	Position	Lohn/AK und a [EUR]	Gesamtlohn/a [EUR]
1	Betriebsleiter	150000	150000
2	Laboranten	30000	60000
1	Verwaltungspersonal	30000	30000
4	Schichtführer	40000	160000
2	Anlagenfahrer	30000	60000
3	Elektriker	30000	90000
3	MSR-Techniker	30000	90000
3	Schlosser	30000	90000
4	Angelernter Arbeiter	25000	100000
23		**Summe:**	**830000**

Quelle: Veränderte Darstellung (vgl. Henniges, 2007: 270)

Tabelle 7b.: Arbeitskräfte für MMEA Kapazität 5 Mio. Liter Bioethanol

Arbeitskräfte	Position	Lohn/AK und a [EUR]	Gesamtlohn/a [EUR]
1	Betriebsleiter	150000	150000
2	Laboranten	30000	60000
1	Verwaltungspersonal	30000	30000
3	Schichtführer	40000	120000
2	Anlagenfahrer	30000	60000
3	Elektriker	30000	90000
3	MSR-Techniker	30000	90000
3	Schlosser	30000	90000
2	Angelernter Arbeiter	25000	50000
20		**Summe:**	**740000**

Quelle: Veränderte Darstellung (vgl. Henniges, 2007: 270)

Tabelle 7c.: Arbeitskräfte für MMEA Kapazität 2 Mio. Liter Bioethanol

Arbeitskräfte	Position	Lohn/AK und a [EUR]	Gesamtlohn/a [EUR]
1	Betriebsleiter	150000	150000
2	Laboranten	30000	60000
1	Verwaltungspersonal	30000	30000
2	Schichtführer	40000	80000
2	Anlagenfahrer	30000	60000
2	Elektriker	30000	60000
2	MSR-Techniker	30000	60000
2	Schlosser	30000	60000
2	Angelernter Arbeiter	25000	50000
16		**Summe:**	**610000**

Quelle: Veränderte Darstellung (vgl. Henniges, 2007: 270)

Tabelle 7d.: Arbeitskräfte für AEA Kapazität 400 Mio. Liter Bioethanol

Arbeitskräfte	Position	Lohn/AK und a [EUR]	Gesamtlohn/a [EUR]
2	Betriebsleiter	150000	600000
4	Laboranten	30000	120000
4	Verwaltungspersonal	30000	120000
8	Schichtführer	40000	800000
18	Anlagenfahrer	30000	540000
10	Elektriker	30000	300000
10	MSR-Techniker	30000	300000
10	Schlosser	30000	300000
20	Angelernter Arbeiter	25000	500000
14	Facharbeiter	40000	560000
100*		**Summe:**	**4140000**

* (vgl. cropenergies, 2011)

Quelle: Veränderte Darstellung (vgl. Henniges, 2007: 270)

Tabelle 8a.: Betriebsmittelkosten MMEA

Betriebsmittel	**€/m³**
Konversion in Rohstoff	0,00 [1]
Prozesswasser	0,00 [2]
Kühlwasser, Brauchwasser	0,50 [3]
Abwasser	12,06 [4]
Dampf	157,50 [5]
Strom	16,20 [6]
Schwefelsäure	0,60 [7]
Schaumöl	1,60 [8]
Diammoniumphosphat	0,00 [9]
Summe	**188,46**

1. siehe Kapitel 5.1.1 Rohstoffkosten
2. siehe Kapitel 5.1.2.3Betriebsmittel
3. (vgl. Schmitz, 2003: 105)
4. Berechnung 13a: Abwasserkosten, siehe Kapitel 5.1.2.3Betriebsmittel
5. Berechnung 14a: Dampfkosten, siehe Kapitel 5.1.2.3Betriebsmittel
6. Berechnung 15a: Stromkosten, siehe Kapitel 5.1.2.3Betriebsmittel
7. unterstellte Kosten wie bei Zuckerrübe (vgl. Henniges, 2007: 271)
8. unterstellte Kosten wie bei Zuckerrübe (vgl. Henniges, 2007: 271)
9. es wird kein zusätzliches Protein gebraucht (vgl. Benecke, 2011: 41ff).

Quelle: Veränderte Darstellung (vgl. Henniges, 2007: 271), eigene Berechnung

Tabelle 8b: Betriebsmittelkosten Annex-Ethanol-Anlage

Betriebsmittel Rohstoff	€/m³ Weizen		€/m³ Zuckerrüben
Konversion in Rohstoff	0,00		64,00
Prozesswasser	2,30		1,70
Kühlwasser, Brauchwasser	12,10		12,10
Abwasser	11,50		4,60
Dampf	72,00		24,00
Strom	21,00		6,00
Schwefelsäure	1,60		0,60
Natronlauge	10,10		0
Kalziumchlorid	0,20		0
Schaumöl	1,10		1,60
Wasch- und Desinfektionsmittel	2,00		2,00
Enzyme	0,70		0
Diammoniumphosphat	0,00		1,50
Trocknungskosten Nebenprodukt	48,00		27,00
Summe einzelner Rohstoffe	**182,60**		**145,10**
Aufteilung*:	**0,29**		**0,71**
Summe beider Rohstoffe		**155,80**	

* Es wird davon ausgegangen, dass während eines Zeitraums von 350 Tagen, während der Rübenkampagnendauer von 100 Tage die Zuckerrübe in der Produktion verwendet wird und in den restlichen 250 Tagen Weizen genutzt wird (vgl. Henniges, 2007: 47).
Anteil Rüben = 100/350 = 0,29, Anteil Weizen = 250/350 = 0,71

Quelle: Veränderte Darstellung (vgl. Henniges, 2007: 271)